JN033739

● 基礎物理学選書2

新装版

● 編集委員会
金原寿郎
原島 鮮
野上茂吉郎
押田勇雄
西川哲治
小出昭一郎

量子論

小出昭一郎 著
Shoichiro Koide

Quantum Theory

裳 華 房

本書は 1990 年刊, 「量子論 (改訂版)」を "新装版" として刊行するものです.

編 集 趣 旨

　長年，教師をやってみて，つくづく思うことであるが，物理学という学問は実にはいりにくい学問である．学問そのもののむつかしさ，奥の深さという点からいえば，どんなものでも同じであろうが，はじめて学ぼうとする者に対する"しきい"の高さという点では，これほど高い学問はそう沢山はないと思う．

　しかし，それでも理工科方面の学生にとっては物理学は必須である．現代の自然科学を支えている基礎は物理学であり，またいろいろな方面での実験も物理学にたよらざるを得ないものが少なくないからである．

　物理学では数学を道具として非常によく使うので，これからくるむつかしさももちろんある．しかしそれよりも，中にでてくる物理量が何をあらわすかを正確につかむことがむつかしく，その物理量の間の関係式が何を物語るか，真意を知ることがさらにむつかしい．そればかりではない．われわれの日常経験から得た知識だけではどうしても理解のでき兼ねるような実体をも対象として扱うので，ここが最大の難関となる．

　学生諸君に口を酸っぱくして話しても一度や二度ではわかって貰えないし，わかったという学生諸君も，よくよく話し合ってみると，とんでもない誤解をしていることがある．

　私達はさきに，大学理工科方面の学生のために"基礎物理学"という教科書（裳華房発行）を編集したが，その時にも以上の事をよく考えて書いたつもりである．しかし，頁数の制限もあり，教科書には先生の指導ということが当然期待できるので，説明なども，ほどほどに止めておいた．

　今度，“基礎物理学選書”と銘打って発行することになった本シリーズは上記の“基礎物理学”の内容を 20 編以上に分けて詳しくしたものである．いずれの編でも説明は懇切丁寧を極めるということをモットーにし，先生の助けを借りずに自力で修得できる自学自習の書にしたいというのがわれわれの考えである．

　各編とも執筆者には大学教育の経験者をお願いした上，これに少なくとも一人の査読者をつけるという編集方針をとった．執筆者はいずれも内容の完璧を願うために，どうしても内容が厳密になり，したがってむつかしくなり勝ちなものである．このことがかえって学生の勉学意欲を無くしてしまう原因になることが多い．査読者は常に大学初年級という読者の立場に立って，多少ともわかりにくく，程度の高すぎるところがあれば，原稿を書きなおして戴くという役目をもっている．こうしてでき上がった原稿も，さらに編集委員会が目を通すという，二段三段の構えで読者諸君に親しみ易く，面白い本にしようとした訳である．

　私共は本選書が諸君のよき先生となり，またよき友人となって，基礎物理学の学習に役立ち，諸君の物理学に抱く深い興味の源泉となり得ればと，それを心から願っている．

　　昭和 43 年 1 月 10 日

　　　　　　　　　　　　　　編集委員長　　金 原 寿 郎

改訂版序

　本書の初版が出てから20年以上が経過した．その間，多数の読者に好評をもって迎えられ，30版近くを重ねることができたのは，著者にとって何よりも嬉しいことであった．いまや化学，生物学，電子工学など広い分野の基礎となっている量子論のすじ道を，正しく把握しておきたいと考えるのは，物理学の専門家でなくても当然であろう．したがって，理科系大学初年級の力学，電磁気学や熱力学などと並んで，あまり専門的でなく「お話し」だけの啓蒙書でもない，手頃な自習書の必要性はますます高くなっていると思われる．本書の存在意義もそこに認められていると考えられる．

　自然科学書の内容は普遍的で不変の真理であるとはいえ，書かれてから20年以上もたつと，何となく鮮度が落ちてくるのではなかろうか．おまけに旧版は活字も小さ過ぎて，いまの読者にはそれだけでも取りつきにくさを感じさせそうである．そんなわけで，近ごろとみに怠け者になった著者も，ついに重い腰を上げて改訂を試みるに至った．活字を大きくしたために分厚い本になってはいけないので，章の数を8から6に減らし，くわしすぎると思われる箇所は簡単化した．しかし，省くだけではなく，うしろの方には若干新しいことも加えて現代化したつもりである．本を執筆するときには，何を書くかよりも，何を省くかの方が選択は困難である．本書の材料の選び方には著者の独断と偏見もかなり入っていると思うが，それはお許し願いたい．

　初版の原稿を丁寧に査読して貴重な御意見をたまわった原島　鮮，金原寿郎　両先生も，この選書の企画者である裳華房の遠藤恭平氏も今は故人となってしまわれたのは淋しいことである．これらの方々の御助言は，今回の改訂

でもできるかぎり活かしたつもりである．お世話になった真喜屋実孜氏に，ここで厚くお礼申し上げたい．

1990 年 2 月

小 出 昭 一 郎

初 版 序

　量子力学はもはや物理学の新理論ではなくなっている．非相対論的な範囲に話を限れば，理論体系は完成されており，電子工学や化学その他の広汎な分野に応用されて多くの輝かしい成果をおさめている．ところが，古典物理学は高等学校と大学教養課程とでくり返して学び，さらに必要に応じて専門課程でもくわしく教授されるのに反し，物理学科の学生を別にすると量子論を正規に学ぶ機会は意外に少なく，むしろないといってもよいくらいである．高校では全くやらないし，大学教養課程の終りにインスタント的にやればまだよい方である．教養課程の物理学の教科書の巻末には一応入門的な記述があるが，あれでわかるほど簡単なものではないし，それすら時間不足で割愛されることが多い．

　研究心のある学生諸君なら，大学へ入って間もなく量子力学を勉強したいと思うのは当然である．ところが，そのための本を探すと，専門の物理の学生でなければ歯が立たないような本格的な書物か，式を用いないでお話しばかりの解説書かのどちらかのみで，手頃な入門書はきわめて少ない．古典物理学と同様に，量子論もくり返して学ばねばなかなか身につかない．いきなり本格的な本にとりついても，大抵の人は数式を追うのがやっとで，何のために何をやっているのかを摑むことができず，途中で放り出したくなってしまう．そうかといって，本当のことを知っている人には面白い解説書も，はじめての人にはたとえ話し等が正しく理解できず，見当違いのことを信じこむ場合も少なくない．

　この間隙を埋め，大学初年級程度の読者が，持っている数学力は十分にこれを活用して，量子力学のすじ道をできるだけ正確に理解できるような自習書として書かれたのが本書である．なるべく正確にということで書きはじめてみると，いろいろ欲が出て，この本の2倍以上の原稿ができてしまった．ここで，この選書の一大特色である査読の効果が大いに発揮され，初学者に不要と思われる部分が容赦なく切捨てられ，ごらんのような程度と分量の本ができ上がった．執筆しているときにはずい分ていねいにくどく書いたつもりでも，活字になってみると舌足らずの所が目につくものである．自分ではやさしくていねいに書いたつもりでも，原島 鮮先生と金原寿郎先生に査読して直していただかなかったなら，さぞむずかしい本ができてしまったであろうと反省される．この本が上記の目的にかない，数多くの量子力学の本があるのに新たに出版される意義をもつとすれば，それはすべてこの両先生の査読による懇切な御指摘のたまものである．

　原島先生には，とくに第2章その他で共著に近いくらいの御加筆を頂き，感謝にたえない．また，使いなれた者には何でもない表現などが，はじめての人には全くわかり難いことが往々にしてある．読者の立場に立ってそのような点を御指摘下さった金原先生に厚く御礼申し上げる．

　割愛した原稿は，別のやや本格的な「量子力学」としてまとめる予定であるが，そのような本を読まれる読者にはそのための準備書として，将来自分で量子力学を使って計算する機会がないような読者には今後の物理科学の進歩に自信をもってついてゆけるための基礎知識を提供する本として，本書がお役に立てば著者の幸いこれに過ぎるものはない．

　なお，本書では電磁気関係の式には MKSA 有理単位系のものを用いた．この方面では MKSA 単位系を用いている本は少ないので，比較の便を考えて，必要なときには CGS の式をも併記した．そうでない場合には $\epsilon_0 \to 1/4\pi$ とすれば CGS 単位系での式が得られるようになっている．

　最後に，本書のでき上るまでのめんどうな仕事で一方ならぬお世話になった，

裳華房の遠藤恭平氏，菅沼洋子氏，真喜屋実孜氏に厚く御礼申し上げる．

昭和 43 年 4 月

小 出 昭 一 郎

目　　次

1　量子力学の誕生

2　シュレーディンガーの波動方程式

3　定常状態の波動関数

4　固有値と期待値

5　原子・分子と固体

6　電子と光

量子力学の誕生

　19世紀の終り頃，ニュートンによりはじめられた力学と，マクスウェルが確立した電磁気学は，物理学を支える2本の大きい柱としてゆるぎないものと思われていた．ニュートン力学は相対性理論による改変を必要としたが，電磁気学はそれをも必要としなかった．こうして宇宙の森羅万象はすべて古典物理学によって説明することができると思われていたのに，これを根本からくつがえす量子論が19世紀の最後の年に登場し，それまでの物理学には古典の文字が冠せられるようになってしまった．今日，量子論成立の過程をふりかえることは科学史的にも非常に興味深いし，物理学がさらに次の飛躍を行うためにも得るところが大きいと思われる．この章では，読者になぜ量子論がつくられねばならなかったかを一応理解していただき，次章から波動力学に入るための準備として，簡単に量子力学誕生までの経過を記すことにする．

§1.1　プランクの量子仮説

　量子論のはじまりは，1900年にプランクが提唱した放射エネルギーに関する**量子仮説**である．これを詳細に説明するには相当の予備知識が必要であるから，本章では大体のすじ道を述べることにしよう．固体または液体を高温にすると赤く光るようになり（赤熱），さらに高温にすると白く輝く白熱状態になる．光はいうまでもなく電磁波であるが，このように高温の固体または液体が電磁波を出す現象を**熱放射**といい，どのような振動数のものをどのくらい出すかは，物質の表面の状態にもよるが，温度によっていちじるしく違

ってくる．このスペクトル分布を理論的
に求めることが，1900 年当時の物理学の
重要な課題であった．

　表面を適当に処理して，外から当った
放射（電磁波）をすべて完全に吸収するよ
うにした理想的な場合には，それが（高温
で）出す放射のスペクトル分布は内部の物
質とは無関係であることが示され，**黒体放
射**とよばれている．完全な黒体の実現は
むずかしいので，その代りに**空洞放射**とい
うものを考える．放射を通さない壁で囲
まれた空洞をつくると，壁から放射される
放射が空洞内に充満し，壁から出る放射と
壁による吸収とがつり合うところで，壁と

1-1 図　Max Planck（1858 - 1947）
はドイツの理論物理学者．量子
仮説により 1918 年にノーベル
物理学賞を受賞．

空洞内の放射（電磁波）とは“熱平衡状態”になる．壁の温度が一定である
とすると，このときの空洞内の“真空の温度”もそれに等しくなったと考え
られる．このとき壁に小さい穴をあけて外からのぞいたとすると，その穴の
部分は，ちょうどその温度の黒体の表面と同じ放射を行うことが証明される．
温度が低ければ真暗（＝ 真黒）であるが，温度が高くなると赤熱，さらに白

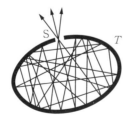
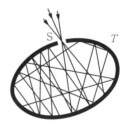

1-2 図　小さな穴 S の部分は，外から見た場合には，そこに
煤を塗って黒体表面にしたのと全く同じ放射の吸収・放出
を行う．

熱の状態になるのである．そこで黒体の代りに，このような空洞放射を調べることに多くの物理学者の関心が集中した．これは，当時 工業国として勃興しつつあったドイツで，鉄鋼生産のための熔鉱炉の中の温度を正確に測定するにはどうすればよいか，という課題と関連していたからであるともいわれている．

　放射は電磁波であるが，どんな電磁波か ── どのモードか ── ということは波の進む方向と波長λ，振動（偏光）の方向で指定される．最初の2つを表すのには，大きさ $k = 2\pi/\lambda$ をもち，波の進む方向と同じ方向をもつ**波数ベクトルk**を用いると便利である．つまり，進行方向と波長は，1-3図のようなk空間内のどこにその波のk（の先端）がくるかできまる．電磁波は横波なので，たとえばx方向に進む波の振動はyz面に平行であるが，どんな振動もy方向の振動とz方向の振動の組合せで表せるから，独立な波の種類は2種類ということになる．そこで，1つのkごとに2種類ずつの波を考えればよい．その

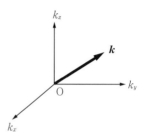

1-3図　波数ベクトル空間
（k空間）

振動数νは，光速をcとすると，$c = \lambda\nu$ が成り立つので，$\nu = c/\lambda = ck/2\pi$で与えられる．これから後，νの代りに $\omega = 2\pi\nu$（角振動数）を用いることが多いが，

$$\omega = 2\pi\nu = ck \qquad \left(k = \frac{2\pi}{\lambda}\right)$$

という関係が光のkとωの間にあることを記憶しておいてほしい．

　ではkの先端はk空間のどこでもよいのかというと，そうではなくて，空洞の体積をVとすると，k空間の体積$8\pi^3/V$ごとに1個の割合で一様に分布した点 ── 並び方は空洞の形による ── に限られることがわかっている（理由は省略する）．そうすると，そのようなkの数は無限個あるが，その2倍だけ電磁波の種類（モード）が存在することになる．それらの各モードが，

どういう振幅と位相で生じているかを全部指定すれば，電磁場が完全にきまるのである．その意味で，各電磁波のモードは同じ振動数をもつ1個の**調和振動子**（単振動する質点）と同等である．実際，電磁場のエネルギーは，これら振動子のエネルギーの和で表されるのである．つまり，空洞内の電磁場は，いろいろな振動数をもった無限個の振動子の集まりと同等である．

　気体は，その中を飛び回る多数の分子からできている．固体では多数の原子がそのつり合いの位置を中心として不規則な振動を行っている．このような力学系を扱うのは統計力学である．われわれの電磁場 —— 無数の振動子の集まり —— も統計力学によって処理しなければならない．ところが，統計力学の教えるところによると，絶対温度 T の系に属する1つの振動子のもつエネルギーは，時間的に増えたり減ったりはしても，振動数が大きいとか小さいとかに関係なく，平均して $k_\mathrm{B}T$ という値をもつ．ただし，k_B はボルツマン定数とよばれ，

$$k_\mathrm{B} = 1.380649 \times 10^{-23}\,\mathrm{J/K}$$

という値をもつ．

　ところが，電磁場は無限個の振動子の集まりだから，どの振動子も同じ平均エネルギー $k_\mathrm{B}T$ をもったとすると，合計した空洞内のエネルギーは無限大ということになってしまう．振動数 ν は $\nu = (c/2\pi)k$ で与えられるから，振動数が ν と $\nu + d\nu$ の間にあるモードの数は，$\boldsymbol{k}$ 空間で半径 $k = (2\pi/c)\nu$ と $k + dk = (2\pi/c)(\nu+d\nu)$ の2つの球面ではさまれる球殻内の $\boldsymbol{k}$ 点の数の2倍に等しい．それは

$$\frac{2 \times 4\pi k^2\,dk}{8\pi^3/V} = \frac{V}{\pi^2}k^2\,dk = \frac{8\pi}{c^3}V\nu^2\,d\nu$$

で与えられるから，ν の大きいモードほど ν^2 に比例して多く存在することがわかる．これに $k_\mathrm{B}T$ を掛けたものが，空洞内に存在する電磁波のうちで，振動数が ν と $\nu + d\nu$ の間にあるもののエネルギーであるから，それを $f_\mathrm{RJ}(\nu)\,d\nu$ とすると

$$f_{RJ}(\nu) = \frac{8\pi}{c^3} V k_B T \nu^2$$

$$(1)$$

となり，1-4 図の破線で表される結果となる．これは，古典物理学を用いてレイリー卿とジーンズが導き出した式であるが，これでは空洞内には，絶対零度でない限り，X 線や γ 線が充満していることになり，実験と比べるまでもなく，理論

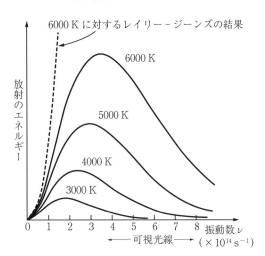

1-4図　空洞放射の振動数分布

として破綻しているといえよう．観測されるのは，図の実線のような分布である．

　この矛盾を救い，実測と完全に一致する放射の分布則を導き出したのがプランクで，それはちょうど 1900 年のことであった．彼の理論は，古典物理学とは全くあい容れない次のような "量子仮説" に基づいている．

　振動数が ν の調和振動子が行うエネルギーのやりとりの値は，振動数 ν に比例する量 hν の整数倍に限られる．

ここに h は

$$h = 6.6260702 \times 10^{-34} \, \text{J·s}$$

という値をもった定数で，プランクの定数とよばれている．

　古典力学では調和振動子のエネルギーは振幅の 2 乗に比例し，振幅にはあらゆる正の実数値をとらせることができるから，振動子のエネルギーも連続的に変化させることができる．それが上のようにとびとびの値だけに限られるということは，古典的には全く説明のつかない革命的なことであった．

それでプランクは，このことを振動子のエネルギーの“増減”だけに限って放射式を導くことに成功したのであるが，実は振動子がとることのできるエネルギーの値そのものが $h\nu$ の整数倍* に限られることが次第に明らかになったのである．

このようにエネルギーの値が ある単位量の整数倍に限られる場合に，その単位量を**エネルギー量子**という．振動数 ν の振動子の場合のエネルギー量子は $h\nu$ に等しい．ところで，振動子の集まりが温度 T の熱平衡状態にあるときには，外部やお互いとのエネルギーのやりとりの結果，1つの振動子あたり，平均 $k_B T$ のエネルギーが分配されるというのが統計力学の結論である．ところが，このエネルギーを受けとる振動子の方は，$h\nu$ の整数倍でなければ受けつけないというのであるから，古典論のときとは事情が異なってくる．振動数の小さい振動子は $h\nu$ が小さく，分量の加減が容易である．したがって，$h\nu \ll k_B T$ の振動子には古典論のときと同様に $k_B T$ ずつのエネルギーがゆき渡る．1-4 図の実線の曲線の左の方がレイリー‐ジーンズの曲線と一致するのは，このためである．$h\nu \cong k_B T$ までは多少の過不足があっても，大体平均 $k_B T$ のエネルギーは分配される．

ところが $h\nu \gg k_B T$ の振動子の場合には，1800円ずつ配ってやろうというのに，5000円札でなければ受けとらないとか，1万円札でなくては要らない，というようなことであるから，結局そんな欲張りには配分してやれないということになってしまう．したがって温度が T の場合には，ν が $k_B T/h$ の程度かそれ以下の振動子は熱運動で励起されて平均エネルギー $k_B T$ で振動をするが，ν が $k_B T/h$ よりも大きいものは励起されにくく，$\nu \gg k_B T/h$ のものはほとんど励起されない．こうして 1-4 図に示された傾向は定性的に理解できるが，定量的な計算の結果，実験と完全に一致する曲線が得られたのである．

---

* もっと正確には，$n = 0, 1, 2, \cdots$ として $\left(n + \dfrac{1}{2}\right)h\nu$．電磁波の1つのモードを表す振動子のときは $nh\nu$．

統計力学によると，ある系が温度 T の周囲とエネルギーのやりとりをして熱平衡になっているときに，ε というエネルギーをもった状態をとる割合は $\mathrm{e}^{-\varepsilon/k_BT}$ に比例する．したがって，振動数 ν の振動子が $\varepsilon = nh\nu$ というエネルギーをもっている確率は

$$p_n = \frac{\mathrm{e}^{-nh\nu/k_BT}}{\sum\limits_{n=0}^{\infty} \mathrm{e}^{-nh\nu/k_BT}} = \mathrm{e}^{-nh\nu/k_BT}(1 - \mathrm{e}^{-h\nu/k_BT})$$

で与えられることになる．これを使うと，この振動子のエネルギーの平均値は

$$\sum_{n=0}^{\infty} p_n nh\nu = (1 - \mathrm{e}^{-h\nu/k_BT})h\nu \sum_{n=1}^{\infty} n\mathrm{e}^{-nh\nu/k_BT}$$

$$= \frac{h\nu}{\mathrm{e}^{h\nu/k_BT} - 1}$$

で与えられる．レイリー－ジーンズの場合の k_BT の代りにこれを代入して得られる

$$f_P(\nu) = \frac{8\pi V}{c^3} \frac{h\nu^3}{\mathrm{e}^{h\nu/k_BT} - 1} \tag{2}$$

が**プランクの放射式**である．$h\nu/k_BT \ll 1$ のときには，これはレイリー－ジーンズの式 (1) に帰着する．

k_BT の大きさは室温（$T \cong 300$ K）で約 $\frac{1}{40}$ eV の程度*，太陽表面の温度（6000 K）でも約 $\frac{1}{2}$ eV の程度である．これに反して，紫外線（波長 3000 Å（1 Å $= 10^{-10}$ m），$\nu \sim 10^{15}$ s^{-1}）に対する $h\nu$ は約 4 eV ぐらいである．

プランク理論のこのような成功は，それではなぜエネルギーの量子化が起こるのだろうか，という疑問の解決に人々の関心を集め，これが量子力学の建設をうながす端緒となった点で，まさに画期的なできごとであった．

§1.2　アインシュタインの光量子説

1905 年にアインシュタインはプランクの考えをさらにおし進め，一般に振動数が ν の光が伝わるときには，それはエネルギーが $h\nu$ の粒子の集まりのように振舞うという説を唱えた．このような光の"粒子"を**光量子**または

---

* eV（電子ボルト）は原子物理学でしばしば用いられるエネルギーの単位で，1 V の電圧で加速したときに電子（電荷 -1.602×10^{-19} C）が得るエネルギー $1.602 \times 10^{-19} \times 1$ C・V（C・V $=$ J（ジュール））である．

光子という．こう考えることによって，古典物理学では説明のつかなかった**光電効果**が説明され，さらに光子はその進行方向に大きさ $h\nu/c$ の運動量をもつとすれば，**コンプトン効果**などの諸現象も見事に説明できるのである．

1-5 図 Albert Einstein (1879 - 1955) は，ドイツで生まれアメリカで亡くなったユダヤ人物理学者．相対性理論の建設者として有名であるが，ブラウン運動の理論などにも貢献した．1921 年に光電効果の理論でノーベル物理学賞を受けた．

光が物体に当たって反射または吸収されるときには，光はその物体に圧力をおよぼす．これを**光圧**といい，光の電磁波説から導かれるが，実験的にも確かめられている．たとえば，すい星の尾が太陽と反対側に向くのは，一部分はこの光圧による．光の速度を c とすると，単位体積あたり ε のエネルギーを運ぶ電磁波は，その進行方向に ε/c だけの運動量を運ぶということが古典電磁波理論からいえる．

　光電効果というのは，適当な条件の下で物質（主として金属）に光を当てるとその表面から電子が飛び出す現象であって，光電管などで広く応用されているものであるが，これに関して次のような実験事実が知られている．

（ⅰ）　電子が飛び出すためには，当てる光の振動数 ν がある限界の値 ν_0 よりも大きくなければならない．振動数が ν_0 より小さい光は，いくら強さを増しても電子を飛び出させることはできない．

（ⅱ）　飛び出す電子の運動エネルギーの最大値は光の強さには無関係で，光の振動数だけできまる．

（ⅲ）　同一の面から単位時間に飛び出す電子の数は，当てた光の強さに比例する．光が弱ければ出てくる電子の個数が少なくなるが，光を当てた瞬間からほとんど遅れなしに電子は飛び出してくる．

　以上のような事実は，電磁波としてエネルギーが空間に連続的に分布すると考える古典論では全く説明がつかない．光のエネルギーは振幅の2乗に比例するので，振動数がどうでも，振幅の大きな強い光を当てればたくさんのエネルギーを送り込むことになるからである．ところが，光を光子の集まりと考え，電子は光子1個を吸収するときにエネルギー $h\nu$ を得ると考えれば，上の事実の説明は容易である．物質内の電子には，それを束縛して外へ出さないようにしている力が表面のところで作用しているから，この力をふり切って飛び出すためには，一定量以上のエネルギーをもらうことが必要である．その一定量を W とすると，これが $h\nu_0$ に他ならないのであって，光子からもらうエネルギー $h\nu$ が $h\nu_0$ より大きいときにのみ電子は外に飛び出すことができ，飛び出したときの運動エネルギーは

$$E = h\nu - W \qquad (W = h\nu_0)$$

で与えられる．

　光電効果の他にも，光の振動数が大きくないと起こらない現象はいろいろある．写真作用とか，日光で皮膚が焼けるといった化学変化は，ν の大きい光ほどいちじるしい．これらも光子を考えれば容易に説明できる．

　コンプトン効果は，X線が電子に当たって散乱されて出てくるときに，はじめよりも振動数が小さくなる現象である．古典的に考えるとX線は電磁波であるから，これが電子のような荷電粒子に当たると，振動する電場としてこれをゆさぶる．電子はこれによって強制振動を行うが，その振動数は加えられた力の振動数に等しい．荷電粒子が振動すれば，それと等しい振動数の電磁波を放射する．われわれはこれを電磁波の散乱として観測するが，上に述べた理由で，散乱によって出てくる波の振動数は入射した波のそれに等しい．このような散乱を**トムソン散乱**といい，重い物質に波長のあまり短くないX線を当てたときに得られる散乱は，おもにこのトムソン散乱である．ところが，実験してみると散乱X線の中には振動数 ν' が入射X線の振動数 ν よりも小さいものがまじっており，特に物質が軽くてX線が短波長のとき

に，これがいちじるしい．この現象を説明するには，X 線を光子の集まりと
みなし，光子はエネルギー $h\nu$，運動量の大きさ $h\nu/c$ をもつ粒子であるとし
て，電子（静止しているとみなしてよいことが多い）との弾性衝突の問題を
解けばよい．エネルギーと運動量の保存則から，散乱 X 線の出てくる角 θ
と振動数 ν' との間の関係式が次のようにして求められ，その結果は実験と
よく一致する．

 　1-6 図のように，振動数 ν
の光子が静止している電子に
衝突し，入射方向と角 φ をなす方向に
これをはね飛ばし，自分は θ の方向に
散乱されて振動数が ν' になって出てゆ
くとする．電子が獲得する運動エネル
ギーを ε，運動量の大きさを p とする
と，エネルギー保存則は

$$h\nu = h\nu' + \varepsilon \qquad (1)$$

1-6 図　コンプトン散乱

入射方向の運動量保存則は

$$\frac{h\nu}{c} = \frac{h\nu'}{c}\cos\theta + p\cos\varphi \qquad (2)$$

入射方向に垂直な方向の運動量保存則は

$$\frac{h\nu'}{c}\sin\theta = p\sin\varphi \qquad (3)$$

である．まず，$\cos^2\varphi + \sin^2\varphi = 1$ を用いて (2)，(3) 式から φ を消去すれば

$$(h\nu - h\nu')^2 + 2h\nu h\nu'(1 - \cos\theta) = p^2 c^2 \qquad (4)$$

が得られる．電子が得た速さを v とすると，X 線による散乱では v が相対論的領域
に入るのが普通なので，相対論によるエネルギーの関係式を使って

$$\varepsilon = \frac{m_0 c^2}{\sqrt{1 - v^2/c^2}} - m_0 c^2, \quad p = \frac{m_0 v}{\sqrt{1 - v^2/c^2}}$$

（m_0 は電子の静止質量）

としなければならない（全エネルギー $E = \varepsilon + m_0 c^2$，$E^2 = p^2 c^2 + m_0^2 c^4$）．これ
から

$$p^2 c^2 = \frac{m_0^2 c^4}{1 - v^2/c^2} - m_0^2 c^4 = \varepsilon^2 + 2m_0 c^2 \varepsilon$$

を得,(1) 式から得られる $\varepsilon = h\nu - h\nu'$ を代入すれば

$$p^2 c^2 = (h\nu - h\nu')^2 + 2\,m_0 c^2 (h\nu - h\nu')$$

となる.これを (4) 式の右辺に入れて整理すれば

$$\frac{1}{h\nu'} = \frac{1}{h\nu} + \frac{1 - \cos\theta}{m_0 c^2} \tag{5}$$

という関係が得られる.ν が与えられているときに,これが θ と ν' の関係を与える式になる.

§1.3 前期量子論

1910 年頃,ラザフォード* は,放射能を研究し,出てくる α 線を物質(金属箔)に当てたときの散乱の仕方を分析した結果,電子とともに原子を構成している正電荷をもったものは,原子の質量の大部分を担っているにもかかわらず,原子の中心の非常に小さい領域に集中しているという結論を導いた.後に,原子の大きさ(直径 10^{-10} m 程度)の 1 万分の 1 以下のそれを,**原子核**というようになった.原子は,核とそれをとり囲むいくつかの電子からできており,電子の電荷を $-e$,個数を Z とすると,各電子は核の正電荷 $+Ze$ のおよぼすクーロン引力によって束縛され,核のまわりを回っていることになる.

ところが,このような電子を古典物理学で扱うと,電子は加速度のある運動によって電磁波を放射するから次第にエネルギーを失い,それによって軌道は次第に核に近づき,ついには電子は核と合体してしまうことになる.電子の回転周期はこのとき連続的に変化するから,出てくる光の振動数も連続的に変化する.したがって,原子の放射する光は連続スペクトルをもつはずである.ところが実在の原子の示すスペクトルは線スペクトルであり,普通の状態では光を出すことはない.また,原子の大きさは核よりもはるかに大きい.これは,電子が光を放射することなく核のまわりの一定の軌道を定常

---

* Ernest Rutherford (1871 - 1937) はイギリスの物理学者.放射能の研究でノーベル化学賞を受けた (1908).

1-7図　バルマー系列の線スペクトル．数字は Å 単位で表した波長を示す．

的に運動し続けるということを示している．

　一般の原子では，電子の数が多いので話が複雑であるが，水素原子は原子
核（＝陽子）のまわりを 1 個の電子が回っているだけなので事情が簡単であ
る．実験的に知られている線スペクトルの振動数 ν は次のような規則に従
うシリーズになっている．

$$\frac{\nu}{c} = R_\infty \left(\frac{1}{n^2} - \frac{1}{n'^2} \right) \tag{1}$$

$$(n = 1, 2, 3, \cdots, \quad n' = n+1, n+2, \cdots)$$

ただし，R_∞ は**リュードベリ定数**とよばれ

$$R_\infty = 10973731.568 \text{ m}^{-1} \tag{2}$$

という値をもつ．上の式で，n の値によってそのスペクトル線の各群に

$n = 1$:　　ライマン（Lyman）系列　　　（紫外部）

$n = 2$:　　バルマー（Balmer）系列　　　（可視部）

$n = 3$:　　パッシェン（Paschen）系列　　（赤外部）

$n = 4$:　　ブラケット（Brackett）系列　　（遠赤外部）

$n = 5$:　　プント（Pfund）系列　　　　（遠赤外部）

のような名がつけられている．

　上に述べた古典論の矛盾を救い，上記のごときスペクトル線の規則性を説
明するために，ボーアは

電子の軌道は，古典的に求められるものの中で，**量子条件**というものを
満たすものだけが安定な定常状態の軌道として実現する

と仮定した．一般の場合はやや複雑
なので，円軌道の場合についてだけ
考えることにすると，ボーアの量子
条件というのは，

(運動量の大きさ) × (軌道1周の長さ)

$= nh$　　$(n = 1, 2, 3, \cdots)$　　(3)

で与えられる．運動量の大きさを
$p = mv$, 軌道の半径をrとすると，
これは

$$2\pi mvr = nh$$

となる．mは電子の質量，vは速さ
である．電子が受けている力は核か
らの静電引力 $e^2/4\pi\epsilon_0 r^2$ であるから，
これを求心力とする円運動について
は，

1-8 図　Niels Bohr (1885 - 1962) はデン
マークの物理学者．原子構造理論でノー
ベル物理学賞 (1922)．門下から数多の
世界的原子物理学者を出した．これらの
人々はコペンハーゲン学派とよばれる．

$$\frac{e^2}{4\pi\epsilon_0 r^2} = \frac{mv^2}{r} \tag{4}$$

が成り立つ．これから $v = e/\sqrt{4\pi\epsilon_0 mr}$ を得るから，量子条件に代入すれば

$$\frac{2\pi e\sqrt{mr}}{\sqrt{4\pi\epsilon_0}} = nh$$

が得られる．したがって，半径rとして許されるのは

$$r = \frac{4\pi\epsilon_0 \hbar^2}{me^2}n^2 \qquad (n = 1, 2, 3, \cdots) \tag{5}$$

という特定のものに限られることがわかる．ここで$\hbar$は

$$\hbar = \frac{h}{2\pi} = 1.0546 \times 10^{-34}\,\text{J} \cdot \text{s} \tag{6}$$

で定義され，hよりも便利なことが多いので，今後しばしば現れる定数であ
る．こうしてきめられたrを半径とする円運動を行う電子のエネルギーは，

(4) 式を用いて

$$\varepsilon_n = \frac{1}{2}mv^2 - \frac{e^2}{(4\pi\epsilon_0)r}$$
$$= -\frac{e^2}{2(4\pi\epsilon_0)r} = -\frac{2\pi^2 me^4}{(4\pi\epsilon_0)^2 h^2}\frac{1}{n^2}$$

と計算される.

$$R_\infty = \frac{2\pi^2 me^4}{(4\pi\epsilon_0)^2 ch^3} \tag{7}$$

とおけば, ε_n は

$$\varepsilon_n = -\frac{hcR_\infty}{n^2} \qquad (n = 1, 2, 3, \cdots) \tag{8}$$

となる. したがって, 水素内の電子に許されるエネルギーは (8) 式で与えられるような, とびとびの値だけに限られることになる.

ボーアによれば, 量子条件を満たす軌道を運動する電子は安定で, 一定のエネルギー (上記の ε_n) をもち続け, その間は光を放出したり吸収したりしない. このような運動をしている電子は**定常状態**にあるといわれる. また, 上のようにして求めたとびとびのエネルギーの値を, **エネルギー準位**とよぶ. 定常状態のうちでエネルギーが最も低いものを**基底状態**, それ以外の定常状態を**励起状態**とよぶ. そして, 定常状態を指定する n のような数のことを**量子数**という.

さて, 励起状態にある電子の運動は, 安定とはいっても永久に続くものではなく, 一定の確率をもってエネルギーの低い状態に突然移り変わる. これを**遷移**という. このとき, そのエネルギーの差に相当する分を光子として放出する. 出てくる光子の振動数を ν とし, 遷移は量子数 n' の定常状態から n の定常状態へ行われたのだとすると, エネルギー保存により

$$\varepsilon_{n'} - \varepsilon_n = h\nu \tag{9}$$

という関係がある. $\varepsilon_n, \varepsilon_{n'}$ に (8) 式を用いれば, スペクトル線の振動数に関する (1) 式がただちに得られる.

　このようにして，ボーアは水素原子のスペクトルの規則性を見事に説明し
た．同様の考えは，一般の軌道の場合にも拡張され，水素以外の原子に適用
することや，相対論的効果をとり入れること等も試みられた．しかしながら，
この理論は古典力学に量子条件をもち込むという中途半端なものであり，な
ぜそのような条件が必要なのかということも明らかでなく，やがて誕生した
本格的な**量子力学**によって，とってかわられる運命にあった．とはいえ，そ
の過渡期において新理論を生み出す動機となったボーアの理論の果した意義
は，はなはだ大きいといわねばならない．

　以上プランクの量子仮説に始まり，次章以下に述べる量子力学の確立まで
の間の過渡期に立てられた量子理論を総称して**前期量子論**という．ボーアの
理論を発展させた本格的な量子力学はハイゼンベルクによって確立された．
しかし，この理論は はなはだ とりつきにくいので，もう１つの道をたどって
発展した別の形式の量子力学 ── **波動力学** ── から学ぶことにしようと思
う．*

§1.4 物 質 波

　それまで波と考えられていた光が粒子的な性質をもつことを示したのが，
光の量子説であった．光子１個のもつエネルギー，運動量の大きさは

$$\varepsilon = h\nu, \qquad p = \frac{h\nu}{c}$$

で与えられる．光の波長を λ とすれば，$\lambda = c/\nu$ であるから

$$\varepsilon = h\nu, \qquad p = \frac{h}{\lambda} \tag{1}$$

と書くこともできる．これらの式の左辺は粒子的な量，右辺は波動的な量で
あって，二重性でこの両方の性質を併有する光における両者の関係を示す重

---

　*　朝永振一郎：「量子力学Ⅰ・Ⅱ」(みすず書房) はハイゼンベルクの理論から入る道を
　　とっている名著である．

要な式が，この（1）式である．波の性質を示すには振動数 ν の代りにその 2π 倍の**角振動数** $\omega = 2\pi\nu$，波長 λ の代りに**波数*** $k = 2\pi/\lambda$ を用いることも多い．そうすると，$\hbar = h/2\pi$ を使って

$$\varepsilon = \hbar\omega, \qquad \boldsymbol{p} = \hbar\boldsymbol{k} \qquad\qquad (2)$$

と記すことができる．ただし $\boldsymbol{k}$ は大きさが $2\pi/\lambda$ で，方向が波の進行方向と一致するベクトル（波数ベクトル）である．

　さて，連続的な波と考えられていた光が粒子性をもつのならば，逆にいままで粒子と考えられていた電子などが波動性をもつことはないのだろうか，という大胆な考えを提唱したのはド・ブロイである．彼は，このような物質粒子の波 —— **物質波**または**ド・ブロイ波**という —— に対しても（1）式あるいは（2）式の関係がそのまま成り立つと考えた．

　電子が実際にド・ブロイの予言したような波動性を示すことは，間もなく，ダビソン，ガーマー，トムソン，菊池正士らにより，結晶内に規則正しく配列した原子による電子線の回折として実験的に確認された．

　電子線を電圧 V（ボルト）で加速すると，電子（質量 m，電荷 $-e$）の獲得する運動エネルギーは

$$\frac{p^2}{2m} = eV$$

であるから，$p = \sqrt{2meV}$ である．（1）式の第 2 式から，波長 λ は

$$\lambda = \frac{h}{p} = \frac{h}{\sqrt{2meV}}$$

1-9 図 Louis de Broglie（1892 - 1987）はフランスの理論物理学者．物質波の理論により 1929 年にノーベル物理学賞を受けた．

---

*　$1/\lambda$ が単位長さに含まれる波の数であるから，**波数**とよばれる．しかしその 2π 倍を波数とよぶことも多いので，本書ではそれに従う．

によって計算されることがわかる.

$$m = 9.109 \times 10^{-31}\,\mathrm{kg}$$

$$e = 1.602 \times 10^{-19}\,\mathrm{C}$$

を入れると

$$\lambda = \frac{1.23}{\sqrt{V}} \times 10^{-9}\,\mathrm{m}$$

が得られる. $V = 100$ とすると $\lambda = 1.23 \times 10^{-10}\,\mathrm{m}$ ($= 1.23\,\text{Å}$) となり,原子間隔と同程度であるから回折を起こす.

　それまで粒子とされてきた電子が波動性をもつという事実は,光の二重性と同様に,古典物理学では全く説明のつかない驚くべきことであった.これが一体何の波なのか,どのような法則に従って伝わる波なのか,ということが大問題となった.これらの問題に対する解答が次第に明らかになって波動力学が確立され,別な方法をたどって確立されたハイゼンベルクの**行列力学**と数学的に同等であることが証明されて,ここに量子力学(非相対論的)が完成されたのである.

2

シュレーディンガーの波動方程式

　この章では，量子力学の1つの記述方式としての波動力学の基礎を学ぶ．実験的に確かめられた物質波は，一体何が波として伝わるものなのか，そして，その波はどのように伝わるのかを調べる．ここには古典力学とは全く異なった概念が登場する．なぜ自然はそうなっているのか，不思議に思わないわけにはいかないであろうが，読者はなるべく早く古典的な考え方から脱却して，新しい考え方になじむように努力していただきたい．

　とはいっても，古典力学がすべて無効なのではなく，一定の条件が満たされているときには，古典力学を用いて電子などの軌道を論じる場合もある．どのようなときに古典力学が有効で，どういう場合は量子効果が顕著に現れるかを知っておくことは，理論を理解するためにも必要である．§2.5では，どのようなときに古典力学が成り立つかを調べる．

　量子力学で重要なのは，定常状態の概念である．物質波の定常波としてそれが導かれるので，§2.7で定常状態に対するシュレーディンガー方程式の一般論を述べることにする．

§2.1　量子論の考え方

　物質波の存在が予言どおりに実験的に立証されたことは前章§1.4で述べたが，それでは一体その波は何が伝わる波なのか，またどんな法則に従って伝わる波なのか，ということはド・ブロイ自身にも明らかではなかった．

　電磁波では，電場や磁場の強さを表すベクトル量が場所と時間の関数として $E_x(x,y,z,t),\cdots,B_z(x,y,z,t)$ のように与えられ，ある場所である時刻に起

こった変化が，少しずつ遅れて次々と空間的に伝わる．音波は媒質の各部分の変位が同様に伝わる波である．ド・ブロイ波においても，何かある量ψが場所と時間の関数として波のように伝わるに違いない．この関数を$\psi(x, y, z, t)$または$\psi(\boldsymbol{r}, t)$等と記して**波動関数**とよぶが，このψという量が何を表すのだろうか，ということが第1の問題である．ψがどのような方程式によってきまるかは後に回し，ここでは，まずψの意味を考えることにしよう．それには，古典物理学とは全く異なる量子論の考え方について説明しなければならない．慣れない読者にははなはだ奇妙に感じられる議論をすることになるので，一度ではわかりにくいかもしれないが，新しい考え方には慣れることが一番大切であるから，一度では納得できなくても次第にわかったような気になることを期待して勉強することをおすすめする．

　物理学では粒子の位置とか運動量，光の波長，気体の圧力などさまざまの量を規定して，それらの間の関係を調べる．この場合，それらの量は何らかの実験的手段によって値を定めうることを前提としている．測りようもないものについて議論しても意味がない．これは非常に大切なことであって，われわれの目に触れる巨視的物体の運動からの<u>類推</u>で，それを小さくしたようなことが微視的世界でも起こっているに<u>違いない</u>と思いたいが，これは誤っている．たとえば，長く放置されて最低エネルギー状態にある水素原子内の電子の位置や速度を考えるとき，空を飛ぶ鳥や野球のボールの運動を目で追うように，電子の行動を追跡することができるかのように思いたくなる．ところが，これは間違っているのであって，ボールの軌道を眺めることができるためには，ボールに当たって反射した光を絶えず眼で受け続けるということが必要であるという事実を忘れてはならない．したがって，電子についても位置が知りたければ，位置を知るための具体的な実験方法を考えなければならないし，運動の軌道を知りたければ，それを続けざまに行う手段を考えなくてはならない．このように実測の手段を考えた上で，その結果がどう出るかということに意味を生じてくるのであり，物理学の理論はそのような結

果に関する議論をするものでなければならない．
ここで念のために，量子力学の創始者の1人で
あるディラックの言葉をその有名な教科書から
引用しておこう．＊

　　一定の条件の下におかれた特定の
　光子にどういうことが起こるかとい
　う問は，実はあまりはっきりしたも
　のではない．正確な問にしようと思
　えば，この問に関係したある実験が
　行われたと想像して，その実験の結
　果がどうなるかということを尋ねな
　ければならない．実験の結果につい
　ての問だけが実際に意味をもってお
　り，理論物理学で考える必要がある
　ものもこのような問だけである．

2-1 図　Paul Adrien Maurice
Dirac (1902 - 1984) はイギリス
の理論物理学者．1933 年に
ノーベル物理学賞を受賞．電
子の相対論的波動方程式を導
き，陽電子の存在を予言した．

　ここでは光子が引用されているが，電子その
他でも全く同様である．そこで話をわかりやす
くするために，水素原子を例にとろう．水素原子は中央に陽子（プロトン）
があって，そのまわりに質量が陽子のおよそ 1/1830 の電子 (9.1094 × 10^{-31}
kg) が運動しているわけであるが，この水素原子を読者が頭に描くとどんな
ものになるであろうか．陽子は上述のように電子よりもずっと質量が大きい
から，古典力学の考えに従って静止しているとしよう．問題は電子の行動で
ある．読者は，電子は陽子のまわりを，地球が太陽のまわりを回るように運
動しているに違いないと頭に描くかもしれない．そして一応，古典力学で運
動を考え，電磁気的なこと（光の放出・吸収）は古典電磁気学で考えるであ

＊　P. A. M. Dirac: *The Principles of Quantum Mechanics* (Oxford University Press,
　　1963) 5 ページ．日本語訳は，朝永，玉木，木庭，伊藤，大塚 訳：ディラック「量子
　　力学」（岩波書店）6 ～ 7 ページ．

ろう．その結果が水素原子に関する実験結果と合わないことは§1.3で見た
とおりであり，何か理論に欠陥があるから改良せねばならないというので
§1.3の前期量子論が考えられた．しかし，この前期量子論は理論の立て方
そのものからして不満足なものであったし，またいままでは述べなかったが，
実験と合わない理論的結論が出てくることも1920年代のはじめ頃に明らか
になっていた．

　読者は，古典力学なり水素原子の構造の考えなりを改良修正して，頭脳の
中に絵を描くように原子内電子の行動の直感的な像を得たいと考えられるで
あろう．しかし，ここで直感的という言葉に反省を加えていただきたい．通
常直感というものは，われわれの日常経験の蓄積から得られるもので，これ
をもとにして水素原子の構造が描ければそれに越したことはないが，自然は
そう都合よくはできていない．日常生活をもとにした直感では，水素原子の
絵を描くことはできないのである．つまり，陽子のまわりを電子がぐるぐる
回っている絵を描いて，それを縮小したものが水素原子であろうと考えても
らっては困るのである．

　では，どう考えればよいか．それには水素原子内電子の行動を調べる手段
を考え直してみる必要がある．調べるためには光を当てるというような何ら
かの作用を電子におよぼし，それに対する反応を見なければならないが，相
手が電子のような微視的粒子であると，たとえば光を受けてこれを反射する
（光子を散乱する）ときに，その反作用を大きく受けることに注意しなければ
ならない．したがって，1度光を当てて位置を確かめると，そのとたんに速
度は変化してしまうから，次々と光を当ててそのときどきの位置を求めてそ
れをつないだとしても，光を当てなかったときに動いたであろうと想像され
る軌道は得られないのである．

　ところで，光を当てなかったとしたときにたどったであろう道すじなどと
いうものは測定と無関係なものであるから，そんなものを勝手に想像しても
意味がないのである．そういうものを想像するのは，日常生活からの類推に

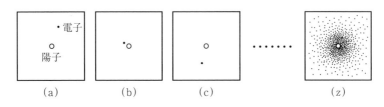

2-2図　水素原子内の電子の位置を測る.

過ぎないのであって,物理学の理論からは排除しなければならない考え方なのである.

　それでは,電子の位置に関してはどんなことがいえるのであろうか.十分に長く放置して光も赤外線も出さなくなった水素原子に光を当てて,反射光から電子の位置を求めたとする.その結果が,たとえば2-2図 (a) のようであったとする.この原子は光の作用でもととは違った状態になってしまっているであろうから,これは捨て,別の水素原子 (やはり長く放置したもの) をとってきて同じ測定をしたら, (b) のような結果を得たとする.このような操作を多数回くり返すと,その度に結果は異なり, (a), (b), (c), …のようになるであろう.しかし,電子をとんでもない遠方に見出すようなことはまずないし,図で右の方ばかりに見出すというようなことも起こらない.これらを仮に全部重ねたとすると,結局2-2図 (z) のような一定の分布が得られる.

　位置の測定に関していろいろの考察を加えてみても,微視的粒子について知りうることはこれだけであって,それ以上に欲張って軌道を追跡するようなことは不可能であることがわかる.とすれば,電子の位置については,理論的にも確率的にしか答を出しえないはずである.それ以上のことが計算できる理論があってはおかしいはずで,仮にそんなものがあっても,実在の世界とは対応しない架空の議論であって物理学ではない.

　しかし,同じく長時間放置した水素原子であっても,別の測定でたとえばエネルギーを測ったとすると,さまざまの値を得るというようなことはなく,常に一定値を得ることがわかっており,理論もそのような答を出すようにで

きているのである．このように，考えている力学系（たとえば水素原子）に
関して，何らかの物理的な量（たとえば電子の位置とか，その系がもつエネ
ルギー）を測ったらどういう結果が得られるか，という問に答えるように量
子論はできており，波動関数はそのような情報を提供してくれる情報源なの
である．

　ある系が量子論の法則に従って一定の運動をしているときに，その運動の
状態 —— **量子状態** —— を記述するのが波動関数であり，1質点の場合の
$\psi(\boldsymbol{r}, t)$ は，古典力学の場合に位置の時間変化を表す $x = f_1(t)$, $y = f_2(t)$,
$z = f_3(t)$ という1組の式に対応しているのである．そして，その系につい
て何か物理量を測定したらどういう結果が得られるはずか，ということを理
論的に求めたいときには，その物理量に対応した一定の手順でその波動関数
について計算を行えばよい．たとえば，粒子の位置の確率（2-2図の (z)）を
求めるには $|\psi(\boldsymbol{r}, t)|^2$ を計算すればよい（§2.3参照）といった具合である．
1回目が (a)，2回目が (b)，…のようになる，というのは確率現象であって
一定していない．理論が与えてくれるのはそのような毎回の測定結果の占い
師的な予言ではなく，一定の法則に従う (z) だけである．

§2.2　ハイゼンベルクの不確定性原理

　位置の測定について前節で見たように確率的なことしか知りえないのだと
すると，速度についてはどうなのだろうかということが次の疑問の1つであ
ろう．運動量については古典物理学で保存則が成立し，相対論や量子論にも
拡張できるので，ある意味で運動量は速度よりも基本的な量といえる．した
がって，以下では速度の代りに運動量を考えることにする．

　光を当てての位置の測定で，2-2図 (a) の結果が得られたとする．すぐ次
の瞬間にもう一度位置の測定のための光を当てたとすると，顕微鏡の分解能
の範囲内で，電子はやはり (a) の位置に見出されるであろう．これは物理過
程の連続性とよばれるものの一例である．しかし，光が電子から反射して顕

微鏡の接眼レンズの視野の中のどこか1点に
入りさえすれば同じ結果になるので，光子が
レンズの軸に沿って入ってきたか，レンズの
端すれすれに入ってきたかの判定はつかない．
この違いによって，反射した光子から電子が
受ける反跳も異なるので，電子が 2-2 図（a）
の位置に見出されたという状態において，電
子がもつ運動量に，ある程度の不確定さを生
じていることがわかる．

　このように，微視的な力学系に対する観測
にともなう不確定性を考察し，われわれが測
定によって知りうる限界についての議論を行
ったのはハイゼンベルクである．彼が導いた
結果はハイゼンベルクの**不確定性原理**という
名で知られている．以下に，ハイゼンベルク
の**思考実験**による不確定性原理の
導き方を説明する．*

　2-4 図のように，電子線を適当
に加速して，真空中を顕微鏡に向
かって送る．思考実験では，実際
には技術的に不可能でも，原理的
には可能な操作を考えるので，大
胆に装置を作る（？）ことにしよ
う．電子線源と顕微鏡の距離 L
は十分大きくしておき，電子線を

2-3図　Werner Heisenberg
（1901 - 1976）はドイツの物理
学者．1932 年にノーベル物理
学賞を受賞．指導的物理学者と
して，量子力学の基礎，原子核
宇宙線の理論，強磁性理論など
に多大の貢献をした．

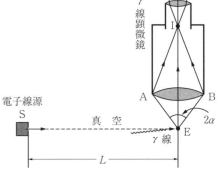

2-4図　γ線顕微鏡による電子の運動量測定の
思考実験

---

* 　W. Heisenberg は学位審査の面接試問のとき，顕微鏡に関する質問でしくじった経
験があるという．

送る時刻は，いくらかの不正確さはあっても，わかるものとする．顕微鏡の下には一定波長のγ線を電子へ進む方向と同一方向に（これは必ずしも必要ではないが）通しておき，点Eにきた電子に当たって反射されたγ線が∠AEB内に向かう限り，接眼レンズに達するものとする．このとき，観測者は電子をEに見出したと記録するわけである．

さて，Lを十分長くしておき，電子線がSを出てEにくるまでの時間Tをなるべく正確に測るようにすれば，L/Tを求めることによって，γ線を当てる前の電子の運動量をいくらでも正確に求めることができるわけである．

ところで，γ線の波長をλ，∠AEB $= 2\alpha$とすると，物理光学の教えるところによれば，顕微鏡の分解能による制限から電子の位置判定には

$$\Delta x = 0.6 \frac{\lambda}{\sin \alpha} \tag{1}$$

だけの不確かさを保留しておかねばならない．同様の実験を多数回くり返したとすると，この程度の幅にぼやけた回折像が得られるのである．したがって，電子の位置（のx成分，他の成分も同様）の測定値は$x = a \pm \Delta x$というように与えられることになる．このとき，電子は位置のx成分がaという値をとる状態にあるという．

このときの電子の運動量はどうであろうか．γ線を当てる前の速度L/Tと質量mから求めたmL/Tが運動量であるというのでは，答にならないのである．なぜなら，問題としているのは，γ線を当てて位置を確かめた後の電子であり，γ線による運動量の変化を考えに入れた答でなければならないからである．その電子は，γ線が当たる直前には$x = a \pm \Delta x$のところにいて，しかもmL/Tという運動量をもっていた，と主張することはできよう．しかし，物理学で論じたいのは，ある時刻にどこでどういう運動量をもっていた粒子がその後どのように運動するか，ということである．ゆえに，物理的考察の対象となりうるのはあくまでγ線を当てた後の電子であり，それがγ線を当てた直後にもつ位置と運動量である．

　さて，γ 線が図の $\angle$AEB 内のどこに反射されても，同じ点 I に届くのであるが，A を通ったか B を通ったかによって，光子の運動量の x 成分には（E がほぼ中央にあるとして）

$$\frac{h\nu}{c}\sin\alpha, \qquad -\frac{h\nu}{c}\sin\alpha$$

だけの違いを生ずる．ただし，$h\nu/c$ は光子の運動量の大きさである．γ 線の運動量成分のこのような不確定さは，電子との衝突によって生じたものであり，電子はそれと同じだけの運動量成分の変化を反対向きに受けているから，γ 線を当てた後の電子の運動量の x 成分は

$$\frac{mL}{T}+\frac{h\nu}{c}\sin\alpha \geqq p_x \geqq \frac{mL}{T}-\frac{h\nu}{c}\sin\alpha$$

という範囲のどこにあるかわからないことになる．ゆえに，その不確定さは

$$\Delta p_x = \frac{2h\nu}{c}\sin\alpha = \frac{2h}{\lambda}\sin\alpha \qquad\qquad (2)$$

である．そこで，x の不確定さ Δx と p_x の不確定さ Δp_x との積をとると，(1), (2) 式から

$$\Delta x\cdot\Delta p_x \sim h \qquad\qquad (3)$$

となることがわかる．すなわち，

　粒子の位置を測定し，その 1 つの成分が不確定さ Δx で位置がきまった状態で運動量の測定を行った場合に，同じ方向の運動量成分の不確定さを Δp_x とすると，Δx と Δp_x との間には

$$\Delta x\cdot\Delta p_x \sim h$$

という関係がある（他の成分も同様である）．

　実際には，上に述べたより不確定さは大きいので

$$\Delta x\cdot\Delta p_x \gtrsim h$$

とした方がよい．くわしい理論によると，ぎりぎりのところで $\Delta x\cdot\Delta p_x = \hbar/2$ である．

2−4図の点 E の付近で電子を γ 線でつかまえるときに，その位置に Δx だけの不確定さがあるということは，γ 線でつかまえる時刻 t に $\Delta t = \Delta x/v_x$ という誤差があることを意味する．$v_x = L/T$ は，γ 線が当たる前の電子の速度の x 成分である．他方，粒子のもつエネルギーは

$$\varepsilon = \frac{1}{2m}(p_x{}^2 + p_y{}^2 + p_z{}^2)$$

であるから，p_x に Δp_x だけの変化があれば，それにともなう ε の変化は

$$\Delta\varepsilon = \frac{\partial\varepsilon}{\partial p_x}\Delta p_x = \frac{p_x}{m}\Delta p_x = v_x\,\Delta p_x$$

である．ゆえに，$\Delta\varepsilon$ と Δt との積をとると

$$\Delta\varepsilon\cdot\Delta t = \Delta x\cdot\Delta p_x$$

となり，エネルギーおよびそれの測定に要する時間の不確定さの間にも

$$\Delta\varepsilon\cdot\Delta t \gtrsim h \qquad\qquad (4)$$

という関係のあることがわかる．

ボーアの前期量子論（§1.3）では定常状態として特定の軌道だけが許され，それらに対応するエネルギーの値は $\varepsilon_1, \varepsilon_2, \varepsilon_3, \cdots$ というように番号づけのできる，とびとびのものになることが導かれた．同じことが量子力学でもっと体系的に導かれるのであるが，この場合のエネルギー準位に関しても（4）式が適用される．たとえば，原子を長時間放置すると最低エネルギーの状態に落ちついてしまうが，外から光を当てたりしない限り，最低エネルギー状態（基底状態）は安定で，原子はいつまでもその状態にとどまっている．ところが励起状態にある原子は，完全に安定ではなく，光を放出して低いエネルギーの状態に自分から遷移してしまう．そこで，いま基底状態の原子に光を当てて，これを j 番目の準位（エネルギー ε_j）に励起したものとする．原子がこの ε_j 状態にとどまっている時間 t を測定したとすると，その値は 1×10^{-8} s のこともあるし，0.5×10^{-8} s のこともある，というように結果は一定でなく散らばりをもつ．多数の測定をしたとして，その平均値をとったものをこの

準位の（平均）**寿命**というが，散ら
ばりは，この寿命自身と同程度で
ある（2-5 図）．これを Δt_j とすると，
ε_j の測定の不確定さ $\Delta \varepsilon_j$ との間に

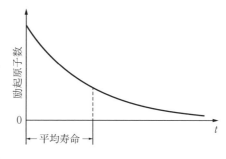

2-5 図　励起準位にとどまっている原子の
　　数は，このように減少する．

$$\Delta \varepsilon_j \cdot \Delta t_j \sim h$$

という関係があるのである．遷移
が $\varepsilon_j \to \varepsilon_1$ のように起こるとすれば，
そのときのエネルギー差 $\varepsilon_j - \varepsilon_1$ を
光子として放出するのであるが，
放出される光の振動数 ν は

$$h\nu = \varepsilon_j - \varepsilon_1$$

で与えられるので，ε_j に $\Delta \varepsilon_j$ 程度の不確定さがあれば，ν には $\Delta \varepsilon_j / h$ 程度の
幅を生ずることとなる．このような原因によるスペクトル線の幅は**自然の幅**
とよばれ，実際に観測されている．

§2.3　波動関数の意味

　以上によって量子論的な考え方のあらましはわかっていただけたと思うの
で，それと波動関数との関係を調べることに移ろう．波動関数のはっきりし
た意味づけを行ったのはボルン＊である．それによると，

> ある粒子の振舞を示す波動関数 $\psi(x, y, z, t)$ が求められたとすると，時刻
> t にこの粒子の位置測定をしたときに点 (x, y, z) を含む微小領域 $dx\, dy\, dz$
> 内に粒子が見出される確率は
>
> $$|\psi(x, y, z, t)|^2\, dx\, dy\, dz$$
>
> に比例する．

＊　Max Born（1882 - 1970）はドイツ - イギリスの物理学者．量子力学の基礎的研究，
　　特に波動関数の統計的解釈でノーベル物理学賞を受けた（1954）．門下から W. Hei-
　　senberg, E. Fermi, J. Oppenheimer 等のすぐれた学者を出した．

いま，全空間についての積分を

$$I = \int_{-\infty}^{\infty} \int_{-\infty}^{\infty} \int_{-\infty}^{\infty} |\phi(x, y, z, t)|^2 \, dx \, dy \, dz$$

とすると

$$\frac{|\phi(x, y, z, t)|^2 \, dx \, dy \, dz}{I}$$

は（絶対）確率を表す．なぜなら，これを全空間にわたって積分したものは1となり，これは粒子がどこかには必ず存在する（確率が1）ということを示すからである．

　いま，ピストルで的をねらって撃つ場合を考えよう．Oという点が的の中心であるとすると，完全にここに当たることは稀で，何発も撃ったとするとその弾痕はOを中心としたある分布を示すであろう．これはピストルのねらいに誤差が避けられないために起こる現象である．ある意味でわれわれの考えている微視的粒子の振舞はこれに似ており，標的面を，たとえば $z = 0$ にとったとすると，$|\phi(x, y, 0)|^2$ がこの弾痕の分布を示すと考えられなくはない．しかしこのように，1つ1つの弾丸の軌道は"確定"しているが，それにいろいろなものがあるので，多数の弾丸について観察すると幅をもった分布を示す，という考え方は，光でいえば幾何光学に相当する．1つ1つの弾丸の軌道は光線に相当し，これらの集まりとして光束を考えていることに対応するからである．ところがよく知られているように，幾何光学は光の波長に比べてずっと大きい物体の影や，ずっと広い隙間の像を論じるときにのみ正しい近似的な理論である．本当は光を波として扱わねばならない．そして，波動性が顕著に現れるのは，細いスリットを通した際の回折や2本のスリットを通した際の干渉のときである．

　ピストルと標的の間に，透明で弾丸をはね返す衝立を置いたものとしよう．衝立の中央には丸い穴があけてあるものとする．一応は的をねらっても，下手な射手の発射する弾丸はいろいろな方向に向かうであろう．そのうちで的

に到達するのは，衝立の穴を通ったものだけである．弾丸のような古典的粒子では，弾丸は2-6図（b）のように進むことは明らかであり，的の弾痕だけ見れば射撃の精度が増したように思えるであろう．ところが量子力学的粒子では，2-6図（a）のような回折が起こり，的に残る弾痕は前よりも散らばったものになってしまうというのである．しかし，的に残るのは個々の弾丸（？）が当たったたくさんの穴であって，ただその分布が光の回折と同様な縞

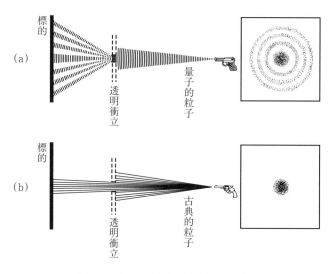

2-6図　量子的粒子と古典的粒子の違い

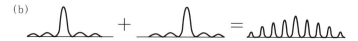

2-7図　スクリーン上にできるスリットの像の明るさの分布．1本ずつの
　　　スリットの場合と，2本の複スリットの場合を比較する．
　　　（a）　古典的粒子または幾何光学の場合
　　　（b）　波としての光または量子力学的粒子の場合

模様になるのである.

　もっと波動性がいちじるしいのは，干渉の場合であろう．普通の波動光学の実験では，1本の細いスリットに平行光線を当てると，スクリーンの上のスリットの正面のところが明るくなり，その両側に弱い明暗の縞ができる．ところが2本のスリットを接近させておいて光を通すと，2-7図（a）のような模様を2つ，少しずらして重ねたものはできず，それとは全く異なった干渉の縞模様ができることは周知のとおりである．微視的粒子の場合もド・ブロイの関係式から求めた波長と同程度のスリットを用いたとすれば，全く同じことが起こりうるのである．

　実際には，電子線の場合は波長がX線の程度（10^{-10} m くらい）なので，結晶内に規則正しく並んだ原子が回折格子の役目を果して，いろいろの干渉模様が得られる．通常これらは乾板やフィルムに回折した電子を当てて写真としてとるのであるが，たくさんの電子を送り込んで回折干渉させるので，いっぺんに模様の写真がとれてしまう．しかし，もし非常に弱い電子線をつくり，電子をポツリポツリと送り込んだとしたら，1つ1つの電子はフィルムのどこかを点状に感光させ，そのような点がたくさん重なって回折模様になることがわかるのである．これは光のときも全く同じなのであって，光子1個ずつはフィルムやスクリーンのどこか1点を感光させたり光らせたりするのである．したがって，電子や光子の数があまり少ないと，完全な干渉縞や回折模様の写真は得られない．そうかといって，多数の電子や光子を同時に送り込む必要はないのであって，1つずつでも気長に次々と送り込んでやれば，ちゃんとした回折干渉の写真が得られるのである．"干渉"といっても，

多数の電子や光子が相互に作用し合って特別な模様を生じるのではなく，1個1個の電子や光子の行先の確率が，波動関数によってきめられる干渉性を示す

のである．このことは，計数管という装置を用いて確かめることができる．

2-8 図 ヤングの干渉実験. スクリーン上の明暗を照度のグラフ
で示す.

　光の干渉については，よく知られたヤングの複スリットの実験がある．光
源 S から出た光を，スリット S_1 を通してから，さらに接近した 2 本のスリ
ット S_2, S_3 を通してスクリーンに投影すると，干渉縞が見られるという実験
である．スクリーンのところにフィルムを置けば，干渉縞の写真がとれる．
フィルムには銀の化合物が塗ってあり，光子が当たったところに化学変化が
起きて "感光" しているのである．しかし，いまは読者の理解を助けるため
に，スクリーンの位置にたくさんの計数管を並べておき，光子が 1 個入るた
びにそれを記録するようにしたと考えよう．これは今日の技術ではそう困難
なことではない．光源 S の前に十分に光を吸収するフィルターを置くと，光
源からの光子がポツリポツリと相当の間隔を置いて S_1 を通り，S_2 と S_3 の

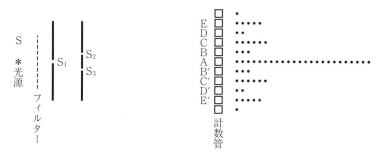

2-9 図 ヤングの実験でスクリーンの代りに計数管を並べる．右端の点は
一定時間内における各計数管のカウント数を示す．

2本のスリットを通過して計数管のどれかに達するようにすることができる. 待ち受ける側には, あちらの計数管にポツリ, こちらの計数管にポツリ, というように光子が入ってくるから, それを記録し, 十分に多数の光子が受けとめられた一定時間内に, それぞれの計数管にいくつずつの光子が飛び込んできたかを数え上げる. 波動光学で波として計算される干渉縞の強度分布は, このカウント数の分布を与えるものなのである.

　この場合に波動光学で計算されるのは, どこに計数管を置いたらどれだけの頻度で光子を受けとることになるか, ということである. 各光子がどういう経路をたどるか, ということは考えていない. 読者はたくさんの光子のそれぞれがたどるであろう経路を頭に描きたいかもしれないが, それは古典物理学に固執した考えで, 量子力学, すなわち光子 (や電子) に適用する物理学では意味のないことである. 光源 S とスクリーンもしくは計数管との間には, S_1, S_2, S_3 を置いたという以外, どこを通ったということを確かめる装置は何も設けていないのである. もし経路を知りたければ, 量子論の根本的考え方に従って, 現実に経路を確かめる実験手段を考えなければいけない. そのためには, 途中に何かを置いて光子をそれに当ててみなければならず, そうすると, スリット S_2 と S_3 とによる光の干渉という問題とは別のことを考えることになってしまうのである.

　以上で見てきたように, 電子や光子もその位置を確かめる実験を行えば点状の粒子として捉えられるのであるから, これが雲のようにぼやけて広がってゆくと考えることは正しくない. 点状の粒子ならば, 2つのスリットの場合にはどちらかの一方を通過するに違いない. それならば, 他方のスリットをふさいでも同じではなかろうか. あるいは2つのスリットを交互に1つずつ同じ回数だけ開いて写真をとっても, やはり干渉縞が得られるのではなかろうか. ところが, この答は No! である. このとき得られるのは 2-7 図 (b) の左辺の2つを重ねた写真であって, 右辺のような縞模様ではないのである. 干渉縞を得ようと思ったら, スリットを2つとも開いておいて, どちらを通

ってもよいようにしておかねばならない。しかし，たとえ両方を開けておい
たにしても，個々の粒子がどちらを通ったかを何かの方法でいちいち調べた
とすると，その観測の影響で干渉は起こらなくなってしまい，1つずつのス
リットによる像の重ね合せしか得られなくなるのである。干渉させようとし
たら，両方のスリットを開けておいて，どちらを通ったかわからないように
しておかなくてはならない。そうすれば，可能性は2本のスリットの両方を
通り，干渉を起こす。ϕの波は確率を計算するもとになる波，可能性の波な
のであって，これが両方のスリットになければ干渉は生じない。どちらを通
ったか確かめると，ϕの波は一方のスリットだけに集まってしまい，干渉し
ないのである。

　一方のスリットを通ってその先へ伝わる波を$\phi_1(\boldsymbol{r}, t)$，もう1つのスリット
を通ってその先へ伝わる波を$\phi_2(\boldsymbol{r}, t)$で表すと，フィルムもしくはスクリーン
上（$z = 0$）における干渉像を与えるのは

$$|\phi_1(x, y, 0, t) + \phi_2(x, y, 0, t)|^2$$

であるが，これはもちろん

$$|\phi_1(x, y, 0, t)|^2 + |\phi_2(x, y, 0, t)|^2$$

とは等しくない。スリットを別々に開いたときに得られるのは後者である。

　$\phi(x, y, z, t)$は空間座標の連続的な関数である。実際にはx, y, zの3つの
どれにも依存し，かつ複素数の値をとるのであるが（38ページ参照），簡単の
ために，空間的にはxにだけ依存する実数の関数である場合を考えれば，
$\phi(x, t)$はたとえば2-10図（a）のようになる。このとき，$|\phi(x, t)|^2$はその下
の2-10図（b）のようになる。この場合には，$|\phi(x_2, t)|^2 = 0$であるから，粒子
をx_2のところに見出す可能性は0で，x_1またはx_3の付近にいる確率が大
きい。しかし，先にも述べたとおり，このことは，考えている粒子がふやけ
て広がり，x_2のところで2つにちぎれている，という意味ではない。あらか
じめ予定を確かめておかなかった友達が，いま家にいるのかまだ学校にいる
のかわからない，というのと同様であって，めざす相手が点状の粒子である

ことに変わりはない．ψ が表すのは，位置を求める実験をした場合の存在確率（の2乗根）という抽象的な量なのであって，電子が雲のようにぼやけて広がり，その雲の濃度を表すのが ψ であると考えてはいけない（シュレーディンガーは，一時そのように考えていた）．

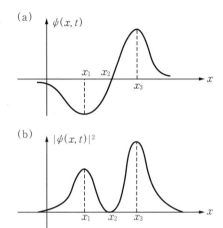

2-10図　ψ と $|\psi|^2$ の例

　もし位置の観測をして，どこか1点もしくは非常に狭い範囲内に粒子がいることをつきとめたとすると，その粒子の量子状態はその位置を測定するとき非常に狭い範囲にいるようなものであるから，その量子状態を表す ψ は変化して，その1点または狭い領域内に収縮すると考えられる．このときは，その観測によって粒子に与えられた作用が，波動関数の収縮という効果で表されたと解釈するのである．探していた友達を校庭の一隅で見出したとすれば，その瞬間に家や教室にいる確率は消えてなくなるのである．だが，行先を確かめずに再び別れたとすると，存在確率の範囲は再び次第に広がる．粒子の場合も同様で，ψ は再び広がってゆく．しかし，ψ の時間変化は連続的であるから，位置測定の直後にもう一度位置を確かめれば，はじめの位置と（ほとんど）同じところに粒子は見出される．

　ψ が観測によって急に収縮するというのは妙に思えるかもしれないが，それは古典物理の水の波とか弦の波とかを頭に浮かべるからである．われわれがある実験をするとき，その結果を予言するのに使われるのが ψ であるから，その目的に合っていれば，このように一見奇妙なことが起こってもさしつかえない．ψ の波を水の波のような像で考えるのは一種の類推であって，気をつけなければならない．たとえば，ψ は本質的に複素数であることも普通の

波と違うし，また両端を固定された弦の振動（定常波）では変位がいたるところ0という静止状態は存在するが，ψがいたるところで0であることはないなど，異なる点はいろいろ存在する．

§2.4　シュレーディンガー方程式

　波動関数 $\psi(\boldsymbol{r}, t)$ の意味は古典物理学的な考え方から見ると，はなはだわかりにくいかもしれないが，慣れることによって理解も増すものであるから，先へ進んで $\psi(\boldsymbol{r}, t)$ が従うべき方程式を調べることにしよう．ド・ブロイ波に対する波動方程式を導いたのはシュレーディンガーであった．彼の方法をそのままたどるには古典解析力学の知識が要るので，ここでは別のやり方で考えることにする．

　まず，真空中を直進する自由粒子を考えよう．自由な空間を伝わる波にもいろいろあるが，ここでは**平面波**を考えよう．
光ならば平行光線からできている光束がそれであり，いまは，この光束をそれに垂直な面で受けたときに照度が一様であるような場合を考える．照度が一様ということは，面の代りに 2-9 図のように平面に並べた計数管でこの光束を受けたとき，どの計数管も同じ割合で光子を受けるということである．電子波についても同様で，一様で平行な電子線のビームがあるとき，これは平面波で表される．断っておきたいのは，このときに個々の電子の確率波が皆それぞれ平面波で表されるということである．つまり，たとえ電子が1個でも，その確率波は広がった平面波で表されるのである．1つ1つは直線軌道を描き，それらを束ねたものが平面波で表される

2-11図　Erwin Schrödinger (1887 - 1961) はオーストリア生まれの物理学者．1926年に彼の名をつけてよばれる波動方程式を導き，数多の論文を Annalen der Physik という雑誌に発表した．1933年にディラックとともにノーベル物理学賞を受けた．

というのではないのである．1個の電子でも確率波は広がりをもっており，どの計数管に電子が飛び込む確率も等しいが，しかし実際に電子の入射を記録するのはその中のどれか1個の計数管である．同じこの確率波で表される電子がたくさんあるときには，どれも波としては同一でも，現実に電子を受けとる計数管はいろいろである．ただし，その記録の分布は一様になるのである．

ϕ の平面波を考える前に，われわれがよく知っている古典物理学の弾性，音，光などの波を扱う場合を考えよう．x 方向に進む平面波の正弦波では，振動的に伝わる量 ϕ_1 は

$$\phi_1 = A_1 \cos(kx - \omega t + \delta) \tag{1}$$

という形に表される．振幅 A_1 は一定で，右辺が y, z を含まないのは，x と t が同じならば y や z が異なっても ϕ_1 はすべて等しいということを示す．したがって，きまった時刻に $x =$ 一定 の面では右辺の（　）の中，すなわち位相がすべて等しい．ゆえに，$x =$ 一定 は「波面」を表す．この波面は明らかに x 軸に垂直である．t がきまっているときに，x を $2\pi/k$ だけ変えると位相は 2π だけ変化する．すなわち，x が $2\pi/k$ だけ離れた2枚の波面では位相がちょうど 2π だけずれて，同じ振動状態にある．ゆえに，$2\pi/k$ は波長 λ に等しい．次に（1）式で x を固定し，ϕ_1 を t だけの関数とみなすと，$\phi_1 \propto \cos(-\omega t +$ 定数$)$ であるから，ω は角振動数（$= 2\pi\nu$）になっている．（1）式を

$$\phi_1 = A_1 \cos\left\{k\left(x - \frac{\omega}{k}t\right) + \delta\right\}$$

と書いてみればすぐわかるように，この波の（位相）速度は $v = \omega/k$ に等しい．$\omega = 2\pi\nu,\ k = 2\pi/\lambda$ を用いれば，よく知られた $v = \lambda\nu$ という式が得られる．

x 方向ではなく，一般の方向に進む平面波の場合には kx の代りに

$$k_x x + k_y y + k_z z = \boldsymbol{k \cdot r} \tag{2}$$

を入れればよい．ただし，$\boldsymbol{k}$ は k_x, k_y, k_z を成分とするベクトル（波数ベクトル），

$r = (x, y, z)$ は考えている空間内の点の位置を
表すベクトルである．スカラー積 $\boldsymbol{k}\cdot\boldsymbol{r}$ は2つの
ベクトルの大きさの積に，それらの間の角の
cosine を掛けたものであるから，$\boldsymbol{k}$ が一定のベ
クトルであるとき，

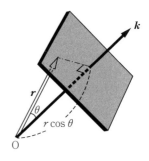

$$\boldsymbol{k}\cdot\boldsymbol{r} = kr\cos\theta = 一定$$

は $r\cos\theta = $ 一定 という平面を表す（2-12 図参
照）．t が一定のとき，スカラー積 $\boldsymbol{k}\cdot\boldsymbol{r} = $ 一定
は位相が一定の面，すなわち波面を表すから，

2-12 図　$\boldsymbol{k}\cdot\boldsymbol{r} = $ 一定は，
ベクトル $\boldsymbol{k}$ に垂直な平面
を表す．

$$\phi = A_1\cos(\boldsymbol{k}\cdot\boldsymbol{r} - \omega t + \delta) \tag{3}$$

は $\boldsymbol{k}$ に垂直な波面をもった平面波である．前の x に対応するのが $r\cos\theta$ で
あるから，この波の波長が $\lambda = 2\pi/k$ であることは容易にわかる．ゆえに，
(3) 式は角振動数が ω，波長が $\lambda = 2\pi/|\boldsymbol{k}|$ で，$\boldsymbol{k}$ の方向に進む平面波を表し
ている．

　ところで，複素数でよく知られているように，

$$\mathrm{e}^{i\alpha} = \cos\alpha + i\sin\alpha$$

という関係があるので，(3) 式の右辺は

$$\phi = A_1\mathrm{e}^{i(\boldsymbol{k}\cdot\boldsymbol{r} - \omega t + \delta)}$$

の実数部分になっている．$A_1\mathrm{e}^{i\delta} \equiv A$ と記すと，

$$\phi = A\mathrm{e}^{i(\boldsymbol{k}\cdot\boldsymbol{r} - \omega t)} \tag{4}$$

となる．交流理論などでは $\sin\omega t$ や $\cos\omega t$ の代りに $\mathrm{e}^{\pm i\omega t}$ を用いて計算を行
い，最後にその実数部分をとることが多いが，これは計算の便宜のためであ
る．ところが，量子力学ではもっと本質的な理由で複素数の波を扱う．いま
の場合，広い空間にある粒子を考え，特にどの辺には粒子が引き寄せられて
滞在確率が大きくなるということはないのであるから $|\phi|^2 = \phi^*\phi$ は一定で
なくてはならない．(4) 式ならば確かにそうなっているが，(3) 式では $|\phi|^2$
は空間で波を打ち，一様でなくなってしまう．ϕ 自身は周期的な関数で $|\phi|^2$

が一定であるためには，ψ を複素数としないわけにはいかない．そこで，(4) 式の ψ が自由粒子を表す波動関数であることを認めることにしよう．

(4) 式の ψ に対しては，すぐわかるように

$$i\hbar \frac{\partial \psi}{\partial t} = \hbar \omega \psi \tag{5}$$

という関係が成り立つ．ド・ブロイの仮定により，$\hbar \omega$ は粒子のエネルギーに等しいということになっている．また，(2) 式を参照すれば，同様に次の関係を得る．

$$\left.\begin{array}{l} -i\hbar \dfrac{\partial \psi}{\partial x} = \hbar k_x \psi \\[2mm] -i\hbar \dfrac{\partial \psi}{\partial y} = \hbar k_y \psi \\[2mm] -i\hbar \dfrac{\partial \psi}{\partial z} = \hbar k_z \psi \end{array}\right\} \tag{6}$$

これらの式は，ナブラベクトル $\nabla \equiv \left(\boldsymbol{i}\dfrac{\partial}{\partial x} + \boldsymbol{j}\dfrac{\partial}{\partial y} + \boldsymbol{k}\dfrac{\partial}{\partial z}\right)$ を用いて

$$-i\hbar \nabla \psi = \hbar \boldsymbol{k}\psi \tag{7}$$

とひとまとめに書くこともできる．§1.4 の (2) 式（16 ページ）によれば $\hbar \boldsymbol{k} = \boldsymbol{p}$ は粒子の運動量であるから，(4) 式の ψ に演算 ∇ を行って $-i\hbar$ を掛けるのは，$\boldsymbol{p}$ を掛けることと同等である．

もう一度微分すると

$$-\hbar^2 \frac{\partial^2 \psi}{\partial x^2} = \hbar^2 k_x{}^2 \psi$$

などが得られるから，

$$\nabla^2 \equiv \frac{\partial^2}{\partial x^2} + \frac{\partial^2}{\partial y^2} + \frac{\partial^2}{\partial z^2} \quad \text{（ラプラス演算子，}\Delta\text{ と記すこともある）}$$

を用いると

$$\begin{aligned} -\hbar^2 \nabla^2 \psi &= \hbar^2 (k_x{}^2 + k_y{}^2 + k_z{}^2)\psi \\ &= (p_x{}^2 + p_y{}^2 + p_z{}^2)\psi = p^2 \psi \end{aligned} \tag{8}$$

が得られる．ところで，粒子としてのエネルギー $\varepsilon\,(=\hbar\omega)$ と p との間には

$$\varepsilon = \frac{1}{2m}p^2$$

という関係があるから，ψ を掛けて

$$\frac{1}{2m}p^2\psi = \hbar\omega\psi$$

が得られるが，ここで (5) 式と (8) 式を用いると

$$-\frac{\hbar^2}{2m}\left(\frac{\partial^2}{\partial x^2} + \frac{\partial^2}{\partial y^2} + \frac{\partial^2}{\partial z^2}\right)\psi = i\hbar\frac{\partial\psi}{\partial t} \tag{9}$$

という方程式が得られる．この式の左辺は，自由粒子のエネルギー

$$\frac{1}{2m}(p_x^2 + p_y^2 + p_z^2) = \frac{1}{2m}p^2$$

において，p_x, p_y, p_z をそれぞれ $-i\hbar\dfrac{\partial}{\partial x}, -i\hbar\dfrac{\partial}{\partial y}, -i\hbar\dfrac{\partial}{\partial z}$ という演算子に置き換えて得られる演算子

$$H \equiv -\frac{\hbar^2}{2m}\left(\frac{\partial^2}{\partial x^2} + \frac{\partial^2}{\partial y^2} + \frac{\partial^2}{\partial z^2}\right) \tag{10}$$

を波動関数 ψ に対して施したものであり，右辺はエネルギーを

$$\varepsilon \rightarrow +i\hbar\frac{\partial}{\partial t} \tag{11}$$

のように演算子に置き換えて ψ に施したものである．古典力学で，系のエネルギーを座標と運動量の関数として表したものをハミルトン関数または**ハミルトニアン**というが，そこで $p_x \rightarrow -i\hbar(\partial/\partial x)$ などの置き換えをして得られる演算子のことも（量子力学的）**ハミルトニアン**とよぶ．(10) 式は自由粒子に対する（量子力学的）ハミルトニアンである．(9) 式は，自由粒子に対応する ψ の形 (4) 式をあらかじめ与えてから，それが満たす方程式として導かれたものである．

　自由でなく，外から力を受けて運動する粒子の場合はどうであろうか．自由粒子という特別な場合からもっと一般の場合に拡張するのであるから，以下の話は論理的な導き出しではなく，1 つの仮定である．その正否は実際

との比較できめられる.

いま, 力のポテンシャルを $V(\boldsymbol{r})$ とすると, エネルギーは

$$\frac{1}{2m}(p_x{}^2 + p_y{}^2 + p_z{}^2) + V(\boldsymbol{r})$$

で与えられる. ここで $p_x \to -i\hbar \dfrac{\partial}{\partial x}$ などの置き換えを行って得られる演算子* を考えると

$$H = -\frac{\hbar^2}{2m}\nabla^2 + V(\boldsymbol{r}) \tag{12}$$

となる. これが今度の場合のハミルトニアンであると考える. そこでシュレーディンガーは, (9) 式の左辺をこの H を用いた $H\psi$ で置き換えて得られる方程式

$$H\psi = i\hbar \frac{\partial \psi}{\partial t}$$

すなわち

$$\left\{-\frac{\hbar^2}{2m}\left(\frac{\partial^2}{\partial x^2} + \frac{\partial^2}{\partial y^2} + \frac{\partial^2}{\partial z^2}\right) + V(\boldsymbol{r})\right\}\psi = i\hbar \frac{\partial \psi}{\partial t} \tag{13}$$

に従って ψ が変化するのではないかと考えた. この (13) 式を, **時間を含むシュレーディンガー方程式**という. この方程式は, ニュートンの運動方程式がそうであるように, 自然界に成立している基本法則であり, シュレーディンガーが発見したのであって, 証明したのではない. これが基礎方程式であると仮定していろいろの問題に適用してみたら, 実験事実を見事に説明することができたので, その正しさが立証されたのである. なお, この理論が適用できるのは, 粒子の速度が光速度に比べて十分小さい場合, つまり非相対論的な場合に限られるということをここで断っておく. 原子, 分子や固体の中の電子などを扱うときには, これで十分に役立つのであり, その応用範囲

---

* (12) 式の右辺の第 1 項が演算子であることは明らかであるが, $V(\boldsymbol{r})$ もその右にくる関数に $V(\boldsymbol{r})$ を掛けるという演算を表す. $V(\boldsymbol{r})\times$ と記せばそのことがはっきりするかもしれないが, 以下でもそのつもりで扱ってほしい.

はきわめて広い.

　量子力学が古典力学と違うことは読者も理解されたと思うが，この両者の関係は次の意味でも密接である．それは（13）式の波動方程式が古典力学のハミルトニアンから，$p_x, p_y, p_z, \varepsilon$ を微分演算子で置き換えることによって得られる点である．つまり，

> 古典物理学的像を描くことができるような体系（水素原子内電子の軌道運動など）については，古典力学のハミルトニアンを書き下してそれを $H = \varepsilon$ とおき，左辺の p_x, p_y, p_z を $-i\hbar(\partial/\partial x), -i\hbar(\partial/\partial y), -i\hbar(\partial/\partial z)$ に，右辺の ε を $+i\hbar(\partial/\partial t)$ に書き直せばよい

ということである．ところが，後に述べる電子のスピンの場合には，一応古典的な像として，こまのように回る（自転する）電子を考えることが多いが，電子の回転角 ϕ は測定できる量ではないので，はじめから量子論的に考えなくてはならない.

　（13）式を見ればすぐわかるように，$\psi(\boldsymbol{r}, t)$ が解ならば，それに任意の定数を掛けたものも解になっている.そこで，はじめから定数因子を適当に乗じて

$$\int_{-\infty}^{\infty}\int_{-\infty}^{\infty}\int_{-\infty}^{\infty} |\psi(x, y, z, t)|^2 \, dx \, dy \, dz = 1 \qquad (14)$$

になるようにしておくと都合がよい.こうすれば，$|\psi(x, y, z, t)|^2 \, dx \, dy \, dz$ が点 (x, y, z) を含む微小体積 $dx \, dy \, dz$ 内に粒子を見出す絶対確率になるからである．このようにすることを**規格化**，または**正規化**という．一度規格化した $\psi(\boldsymbol{r}, t)$ をつくると，時間とともにその ψ がシュレーディンガー方程式に従って変化しても $|\psi|^2$ の積分は一定に保たれることが証明されるので，規格化はそのまま変わらずに保たれる.

§2.5　古典力学との対応

　電子のような微視的粒子の振舞は，シュレーディンガー方程式に従う確率

の波によって表される，というのが前節までの議論であるが，これでは一見
あまりにも古典力学との違いが大きすぎる．電子を調べるときには，いつで
も波動関数を用いなければならないのであろうか．たとえば，テレビのブラ
ウン管の中では電子が陰極から飛び出して螢光板に当たってこれを光らせる
ようになっているが，このときの電子の運動を調べてブラウン管の設計を行
うのには波動力学など使う必要はなく，古典力学に従う荷電粒子として扱っ
て十分なのである．サイクロトロンやシンクロトロンなどという加速器で，
陽子や電子などを加速する場合も同様であって，磁場による円軌道とか，電
場による加速の具合といったことは，古典力学によって論じられる．このよ
うな事情はどうやって説明されるのであろうか．また，どういうときに波動
力学が不可欠なのであろうか．

　長くて相当に重い綱を張って
その一端を手でもち，これを上
下に1回だけ振ると 2-13 図の
ような山の形が綱に沿って伝わ
るのを見ることができる．普通，

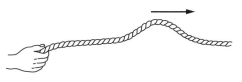

2-13図　綱を伝わる波束

波というときには，正弦波のように山と谷が次々に連なって伝わるものを指
す．この図のような一山あるいは少数の山と谷の塊が伝わる場合には，これ
を波の束または**波束**という．

　波動関数 $\psi(x, y, z, t)$ がこのような波束（ただし複素数の）を表すときには，
$|\psi|^2$ が有限の値をとる範囲は狭い領域に限られていることになる．そして，
その領域は時間とともに移動する．このときには，粒子の位置を測定したと
すると，その狭い領域内のどこかで見つかる可能性はあるが，その外で見出
される確率はないわけであるから，その領域の幅を誤差として，粒子の位置
は大体確定することになる．さて，ブラウン管の中のように（微視的な長さ
に比べて）広いところで運動する電子を調べるときには，10^{-6} m といった程
度の誤差は無視してよいくらい小さい．ところが，これは原子の直径などと

比べると，その１万倍程度の大きなものであって，微視的にはきわめて粗い
測定なのである．そして後に見るように（§4.5），一般に物質波の波束は次
第に形が崩れるものであるが，幅の狭くない波束ほど，その崩れ方が少ない
ものである．

　さて，波束 $\psi(x, y, z, t)$ があるときに，その粒子の x 座標を測ったとすると，
どうなるであろうか．前述のように波動関数の絶対値の２乗は確率を表し，
粒子を座標がそれぞれ x と $x + dx$, y と $y + dy$, z と $z + dz$ の間の小範囲
に見出す確率は

$$\psi^*(x, y, z, t)\,\psi(x, y, z, t)\,dx\,dy\,dz \qquad (1)$$

で与えられる．一般に，ある量 F が値 $f_1, f_2, f_3, \cdots$ をとる確率が $p_1, p_2, p_3, \cdots$
で与えられ $\sum_i p_i = 1$ であるならば，F という量の期待値は

$$\langle F \rangle = \sum_i f_i p_i \qquad (2)$$

で計算される．いまの場合は空間を細分してたくさんの小さな領域に分けた
それぞれが，$i = 1, 2, 3, \cdots$ に対応すると考えられるから，x, y, z の関数とし
て与えられる量を $F(x, y, z)$ とすると，各小領域における x, y, z を入れて計
算した F に，そこでの $\psi^*\psi\,dx\,dy\,dz$ を掛けたものが $f_i p_i$ になる．i について
の和をとる代りには，空間座標について積分を行えばよい．したがって，
$F(x, y, z)$ の期待値は

$$\langle F \rangle = \int_{-\infty}^{\infty}\int_{-\infty}^{\infty}\int_{-\infty}^{\infty} \psi^*(x, y, z, t)\,F(x, y, z)\,\psi(x, y, z, t)\,dx\,dy\,dz \qquad (3)$$

という式で計算されることがわかる．$F\psi^*\psi$ の代りに $\psi^* F\psi$ と記したのは，
後でその方が都合のよい場合がでてくるからである．特に $F(x, y, z) = x$ の
場合には

$$\langle x \rangle = \int_{-\infty}^{\infty}\int_{-\infty}^{\infty}\int_{-\infty}^{\infty} \psi^* x \psi\,dx\,dy\,dz \qquad (4)$$

が x 座標の期待値を与える．

　y や z についても同様である．これら３つの式をまとめてベクトルとして

$$\langle r \rangle = \iiint \psi^*(r,t)\, r\, \psi(r,t)\, dr \tag{5}$$

のように記すことも多い．$dx\,dy\,dz$ をまとめて dr と略記した．この $\langle r \rangle$ は
いわば波束の重心であって，本来は点状の粒子をほぐして「わた」または
「雲」のようにしたと考え，その密度が各点での $|\psi|^2$ に比例するようにした
とするとき，その雲の重心の座標が $\langle r \rangle$ である．前節でも述べたように，粒
子はその位置を測定すればどこかの 1 点に見出されるという意味で粒子性を
保つものであって，決してわたや雲のようにそれ自身が広がるものではない．
広がっているのは存在の確率である．しかし，位置を確かめない限り $|\psi|^2$ に
比例する確率しか知られていないのであるから，上のようにして $\langle F \rangle$ を計算
せねばならず，そのようなときに粒子を雲のようなものと考えると便利なこ
とが多い．電子などの荷電粒子では，この雲は電荷の雲なので，**電荷雲**また
は**荷電雲**とよばれることがある．

　いま，簡単のために話を 1 次元に限り，波動関数が x と t だけの関数であ
る場合を考えることにしよう．そうすると (4) 式の代りに

$$\langle x \rangle = \int_{-\infty}^{\infty} \psi^*(x,t)\, x\, \psi(x,t)\, dx \tag{6}$$

でよいことになる．定積分は x について行うから，この $\langle x \rangle$ は t だけの関数
である．これを t について微分してみよう．x と t は独立な変数であるか
ら*，右辺での微分は積分の中に入れて行ってよい．したがって，

$$\frac{d}{dt}\langle x \rangle = \int_{-\infty}^{\infty}\left(\frac{\partial \psi^*}{\partial t}x\psi + \psi^* x \frac{\partial \psi}{\partial t}\right)dx$$

と書ける．ところが，シュレーディンガー方程式により

$$\frac{\partial \psi}{\partial t} = \frac{1}{i\hbar}H\psi \tag{7}$$

---

* 　質点の古典力学では粒子の位置を表す x は t の関数である．しかし，波動を考える
ときには $\psi(x,t)$ であり，波動として伝わる量（電磁場，空気の密度，粒子波の ψ）が
「いつ」「どこで」いくらになるか，という考え方をするのであるから，x と t は別々
の独立な量である．

であり，この式の複素共役は

$$\frac{\partial \psi^*}{\partial t} = -\frac{1}{i\hbar} H\psi^* \tag{7}'$$

であるから（H は，普通は実数のみを含む演算子），

$$\frac{d}{dt}\langle x\rangle = \frac{1}{i\hbar}\int_{-\infty}^{\infty}\{\psi^* x H\psi - (H\psi^*)x\psi\}\,dx$$

が得られる．ハミルトニアン

$$H = -\frac{\hbar^2}{2m}\frac{\partial^2}{\partial x^2} + V(x)$$

の中で

$$\psi^* x V\psi = V\psi^* x\psi$$

は明らかであるから，{　}内の H の V の項は打ち消し合う．したがって，右辺で残るのは運動エネルギーの項だけで，

$$\frac{d}{dt}\langle x\rangle = \frac{i\hbar}{2m}\int_{-\infty}^{\infty}\left(\psi^* x\frac{\partial^2\psi}{\partial x^2} - \frac{\partial^2\psi^*}{\partial x^2}x\psi\right)dx \tag{8}$$

となる．この右辺の第 1 項を部分積分すると

$$\int_{-\infty}^{\infty}\psi^* x\frac{\partial^2\psi}{\partial x^2}\,dx = \left[\psi^* x\frac{\partial\psi}{\partial x}\right]_{-\infty}^{\infty} - \int_{-\infty}^{\infty}\frac{\partial\psi^*}{\partial x}x\,\frac{\partial\psi}{\partial x}\,dx$$

となるが，波束として狭い領域に集中している ψ を考えているので，$x\to\pm\infty$ では ψ^* は完全に 0 になっており，たとえそれに x を掛けても 0 に等しい．したがって，右辺の第 1 項の [　] は消え，第 2 項から

$$\int_{-\infty}^{\infty}\psi^* x\frac{\partial^2\psi}{\partial x^2}\,dx = -\int_{-\infty}^{\infty}x\frac{\partial\psi^*}{\partial x}\frac{\partial\psi}{\partial x}\,dx - \int_{-\infty}^{\infty}\psi^*\frac{\partial\psi}{\partial x}\,dx \tag{8a}$$

を得る．全く同様にして

$$\int_{-\infty}^{\infty}\frac{\partial^2\psi^*}{\partial x^2}x\psi\,dx = -\int_{-\infty}^{\infty}x\frac{\partial\psi^*}{\partial x}\frac{\partial\psi}{\partial x}\,dx - \int_{-\infty}^{\infty}\frac{\partial\psi^*}{\partial x}\psi\,dx$$

が得られ，これの右辺の第 2 項に部分積分をもう一度やれば

$$\int_{-\infty}^{\infty}\frac{\partial^2\psi^*}{\partial x^2}x\psi\,dx = -\int_{-\infty}^{\infty}x\frac{\partial\psi^*}{\partial x}\frac{\partial\psi}{\partial x}\,dx + \int_{-\infty}^{\infty}\psi^*\frac{\partial\psi}{\partial x}\,dx \tag{8b}$$

となる.

こうして得られた (8a), (8b) 式を (8) 式に入れれば

$$\frac{d}{dt}\langle x \rangle = \frac{1}{m}\int_{-\infty}^{\infty}\psi^*\left(-i\hbar\frac{\partial}{\partial x}\right)\psi\,dx \tag{9}$$

が得られる.

この (9) 式をもう一度 t で微分し，前と同様の手続きを行うと

$$\frac{d^2}{dt^2}\langle x \rangle = \frac{1}{m}\int_{-\infty}^{\infty}\psi^*\left(-\frac{\partial V}{\partial x}\right)\psi\,dx \tag{10}$$

となることが示される.

この (10) 式の右辺の $(-\partial V/\partial x)$ は粒子にはたらく力（の x 成分）を表しているから，(10) 式の積分はそれの期待値になっている．もしもこの力が，外からかけた電場のように巨視的なものの場合には，x に対する $V(x)$ や $-\partial V/\partial x \equiv X(x)$ の変化はゆるやかであろう．波束が十分に狭い幅のものならば，ψ や ψ^* が 0 でない範囲は $x = \langle x \rangle$ のごく近くに限られ，その範囲内では $X(x)$ はほぼ一定で $X(\langle x \rangle)$ に等しいと見てよいであろう．ゆえに，こういう場合には

$$m\frac{d^2}{dt^2}\langle x \rangle = \int_{-\infty}^{\infty}\psi^*\left(-\frac{\partial V}{\partial x}\right)\psi\,dx \approx \left(-\frac{\partial V}{\partial x}\right)_{x=\langle x\rangle}\int_{-\infty}^{\infty}\psi^*\psi\,dx$$

となり，ψ は規格化してあるから最後の積分は 1 に等しく

$$m\frac{d^2}{dt^2}\langle x \rangle = X(\langle x \rangle) \tag{11}$$

という式が得られる．これは，質量 m をもつ古典的な粒子が，保存力 $X = -\partial V/\partial x$ を受けながら（x 軸上を）運動しているときに，その位置を $\langle x \rangle$ と表すことにした場合のニュートンの運動方程式に他ならない．

以上は 1 次元の場合について考えたのであるが，3 次元でも全く同様にして（部分積分の代りにグリーンの定理を用いる）

$$m\frac{d^2}{dt^2}\langle \boldsymbol{r} \rangle = \boldsymbol{F}(\langle \boldsymbol{r} \rangle) \tag{12}$$

を証明することができる.

　以上によって，粒子の位置決定にある程度の誤差を許せば，粒子の運動は
その誤差程度の広がりをもった確率波の波束で表されること，波束の幅に比
べてゆっくり変化するようなポテンシャルから導かれる外力の場の中で，そ
の波束の重心の運動は古典的粒子のそれと一致することがわかった. これを
エーレンフェストの定理という. したがって，波束が時間とともに急激に広
がるような場合を別にすれば，位置測定にある程度の誤差を認める限り，粒
子は古典力学に従うとみなしてよいのである. このように考えれば波動力学
との対応もわかるし，広い空間内の電子の運動に古典力学を用いてかまわな
い理由も理解できる.

§2.6　弦の振動

　波束，すなわち波の塊があまり形を崩さずに動くときには，それを動く雲
塊のようにみなし，その（確率の）雲の中のどこに粒子が存在するかという
ことを問題にしなければ，雲塊の運動は古典的粒子と同じ軌道を描くという
のが前節の結果である. これは2-13図（43ページ）のような綱の波に相当
する場合である.

　それでは，どういう場合に古典力学からの相違がいちじるしく，波動性が
本質的な重要性を発揮するのであろうか.

　バイオリンやギターの弦などで2-13図のような進行する波束をつくるこ
とはきわめてむずかしい. 無理につくっても瞬間的に形が崩れ去ってしまう
し，固定した両端での反射がめまぐるしく起こるので，いま波がどちら向き
に動いているかというようなことは識別できない. このような場合に観察さ
れるのは，むしろ**定常波**（弦の固有振動）である. 全く同様なことが，狭い
範囲内に束縛された物質波についても起こるのである. そして，たとえば原
子内の電子の波は，ほぼ全体に広がった定常波になっており，原子よりずっ
と小さい領域にかたまってそれが動くというのではないから，電子がいま原

子内のどの辺にいてどこを通っ
てどちらの方へ動いたなどとい
う追跡は，近似的にも不可能で
ある．それでは，一体どんな波
が起こっているのであろうか.

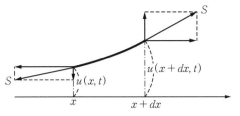

次節以下の話の助けとするた
めに，ここで弦の横振動につい

2-14 図 弦の微小部分 dx にはたらく張力を
2方向に分解して考える.

て簡単に復習をしておこう．いま弦のつり合いの位置を x 軸にとって，一方
の端を $x = 0$，他端を $x = l$ とする．弦が平面内で振動するときだけを考え
ることにして，弦の各点の変位を u とする．u は x と t の関数である．
$u(x, t)$ の形をきめる方程式をつくるために，弦を細分したと考え，x と
$x + dx$ の間の長さ dx の部分に着目して運動方程式を立てる．変位 u はあ
まり大きくはないとし，x 軸に対する弦の各点での傾き $|\partial u/\partial x|$ は 1 よりず
っと小さいものとする．弦の張力の大きさを S とし，dx 部分の両端にはた
らく力を，x 方向とそれに垂直な方向に分けて考える．弦の傾角は小さいの
で，その cosine を 1 とし，sine を tangent で置き換えると，x 方向の力は左
右が打ち消し合い（差は 2 次以上の微小量），垂直方向の力は*

$$S\left(\frac{\partial u}{\partial x}\right)_{x+dx} - S\left(\frac{\partial u}{\partial x}\right)_x \approx S\left(\frac{\partial^2 u}{\partial x^2}\right)_x dx$$

となる．線密度を σ とすると，dx 部分の質量は $\sigma\,dx$ であり，加速度は
$(\partial^2 u/\partial t^2)_x$ であるから，運動方程式は

$$\sigma\,dx\left(\frac{\partial^2 u}{\partial t^2}\right)_x = S\left(\frac{\partial^2 u}{\partial x^2}\right)_x dx$$

となる．両辺を $\sigma\,dx$ で割れば，$u(x, t)$ が満たすべき波動方程式として

$$\frac{\partial^2 u}{\partial t^2} = \frac{S}{\sigma}\frac{\partial^2 u}{\partial x^2} \tag{1}$$

---

* Δx が微小ならば $f(x + \Delta x) - f(x) \approx f'(x)\Delta x$ となることを使う．ここで考える
のは，$f = \partial u/\partial x$ の場合である．

が得られる.

　以上は自由な弦の場合であるが，もしも弦の各点に，大きさがその変位 u に比例するような復元力が作用していたらどうなるであろうか．長さ dx の部分にはたらく復元力を

$$-fu\,dx \qquad (f > 0)$$

とすれば，(1) 式の代りに

$$\frac{\partial^2 u}{\partial t^2} = \frac{S}{\sigma}\frac{\partial^2 u}{\partial x^2} - \frac{1}{\sigma}fu \qquad (2)$$

が得られる．f は x の関数であってよい．弦や綱ではこのような力を与える

ような工夫をすることはむずかしいが，多数のおもりを互いに ばね でつないで引っぱったものに，さらに 2-15 図のように ばね をつければ，近似的にこのような状態を実現することができるであろう．この式は後（54 ページ）で使う．

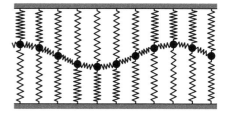

2-15 図

　いま，(1) 式の解が

$$u(x, t) = X(x)\,T(t) \qquad (3)$$

のように x だけの関数 $X(x)$ と，t だけの関数 $T(t)$ との積に書けたと仮定しよう.*　ここで $v^2 = S/\sigma$ とおいて，(3) 式を (1) 式に代入すると

$$X(x)\frac{d^2 T}{dt^2} = v^2\frac{d^2 X}{dx^2}\,T(t)$$

となるが，この両辺を $u = XT$ で割ると

$$\frac{\dfrac{d^2 T}{dt^2}}{T} = v^2\frac{\dfrac{d^2 X}{dx^2}}{X}$$

---

*　このように仮定すると，特殊な解だけに限定することになるが，そのような解を組み合わせることができるので心配はいらない.

が得られる．この式の左辺は t だけの関数，右辺は x だけの関数であるが，x と t は独立な変数であるから，この等式がすべての x, t で成り立つためには，これが定数でなければならない．それを C とすると

$$\begin{cases} \dfrac{d^2 T}{dt^2} = CT & \text{(4a)} \\[2mm] \dfrac{d^2 X}{dx^2} = \dfrac{C}{v^2} X & \text{(4b)} \end{cases}$$

が得られる．こうして，2つの変数を含む偏微分方程式 (1) が，各1変数の常微分方程式2つに分離された．このような手続きを**変数分離**という．

　弦は $x = 0$ と $x = l$ で固定されているとしよう．このような条件を**境界条件**という．この条件は

$$X(0) = X(l) = 0 \tag{5}$$

と表せる．この条件を課したときの (4b) を考えよう．C の符号によって3つの場合を考察する．

　(i) $C > 0$ のとき：$\sqrt{C/v^2} = k$ とおくと，$\mathrm{e}^{\pm kx}$ は明らかに $d^2 X/dx^2 = k^2 X$ の解になっている．したがって，一般解は，この2つの解の勝手な1次結合

$$X = A\mathrm{e}^{kx} + B\mathrm{e}^{-kx} \quad (A, B \text{ は任意定数}) \tag{6}$$

で与えられる．境界条件 (5) 式に (6) 式を入れれば，$X(0) = 0,\ X(l) = 0$ でなければならないから，

$$X(0) = 0 \quad \text{より} \quad A + B = 0, \quad \text{すなわち} \quad B = -A$$

を得る．ゆえに，

$$\begin{aligned} X(x) &= A(\mathrm{e}^{kx} - \mathrm{e}^{-kx}) \\ &= 2A \sinh kx \end{aligned} \tag{7}$$

であることがわかる．*　ところが，この関数が 0 になるのは $kx = 0$ のとき

---

* $\sinh \xi = \dfrac{1}{2}(\mathrm{e}^\xi - \mathrm{e}^{-\xi})$, $\cosh \xi = \dfrac{1}{2}(\mathrm{e}^\xi + \mathrm{e}^{-\xi})$, $\tanh \xi = \sinh \xi/\cosh \xi$, $\coth \xi = \cosh \xi/\sinh \xi$ は**双曲線関数**とよばれ，三角関数に似た性質をもつ．たとえば，$-\sinh^2 \xi + \cosh^2 \xi = 1$.

だけであるから，$k \neq 0$ である限り，決して $X(l) = 0$ とはならない．したがって，$C > 0$ の場合には境界条件 $X(0) = X(l) = 0$ を満たすことはできないから，意味のある解は存在しない．

（ⅱ）$C = 0$ のとき：$d^2X/dx^2 = 0$ より $X(x) = Ax + B$ が得られるが，$A = B = 0$ 以外に $X(0) = X(l) = 0$ を満たす解は存在しないから，この場合も除外される．

（ⅲ）$C < 0$ のとき：$-C/v^2 = k^2$ とおけば，$d^2X/dx^2 = -k^2X$ であるから，$e^{\pm ikx}$ または $\sin kx$，$\cos kx$ が解であり，一般解は

$$X(x) = C_1 e^{ikx} + C_2 e^{-ikx} \qquad (C_1, C_2 \text{ は任意定数}) \qquad (8a)$$

あるいは

$$X(x) = A \sin kx + B \cos kx \qquad (8b)$$

で与えられる．いまの目的には（8b）式の形の方が便利である．$X(0) = 0$ より，ただちに $B = 0$ を得る．$X(l) = 0$ から

$$\sin kl = 0$$

であるから，

$$kl = n\pi \qquad (n = 1, 2, 3, \cdots)$$

を得る．$n = 0$ は $X(x) = 0$ であるから除き，負の n は全体の符号を逆にするだけであり，それは A のきめ方の方に含ませることができるから，やはり除外した．ゆえに，境界条件に適した解として

$$X(x) = A \sin k_n x, \quad k_n = \frac{n\pi}{l} \qquad (n = 1, 2, 3, \cdots) \qquad (9)$$

が得られた．A は任意の実数である．

次に，（4a）式を考える．$C < 0$ であるから，これを $C = -\omega^2$ とおくと，ω には

$$\omega_n = k_n v = \frac{n\pi}{l} v \qquad (n = 1, 2, 3, \cdots) \qquad (10)$$

という値だけが許されることがわかる．各 ω_n に対して

$$\frac{d^2 T_n}{dt^2} = -\omega_n{}^2 T_n$$

であるから，T_n は単振動

$$T_n(t) \propto \cos(\omega_n t + \delta_n) \tag{11}$$

になる．(9) 式といっしょにすれば，(1) 式の解として

$$u_n(x, t) = A_n \cos(\omega_n t + \delta_n) \sin k_n x \tag{12}$$

が求められる．A_n と δ_n は任意定数で
ある．$n = 1, 2, 3, \cdots$ に対する $u_n(x, t)$
が，それぞれ長さ l の弦全体を 1 節，
2 節，3 節，$\cdots$ とする 2-16 図のような
定常波になることはよく知られている
とおりである．このような定常波の振
動数としては，(10) 式で与えられるよ

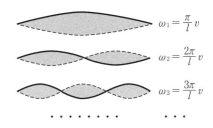

$$\omega_1 = \frac{\pi}{l} v$$
$$\omega_2 = \frac{2\pi}{l} v$$
$$\omega_3 = \frac{3\pi}{l} v$$

2-16図 弦の定常波

うなとびとびの値だけが可能であり，その中間の勝手な値は許されない点が
特徴的である．

　以上は $0 < x < l$ では自由で，両端 $x = 0, l$ が固定してある弦の定常波の
場合であって，両端での反射によって反対向きの進行波が重なる結果，この
ようになると考えることもできる．今度は弦が自由ではなくて，途中に
$f(x)$ で表される力がはたらいている (2) 式の場合を考えよう．固定端は
$f(x) = \infty$ のところであると考えればよい．$f(x)$ としてはいろいろなもの
が考えられるが，2-17 図の破線のように中央では $f(x) = 0$（自由）で，両端
に近づくほど束縛が増している場合を考えてみよう．今度も (3) 式を仮定し
て，これを (2) 式に代入すれば，前と同様に変数が分離されて

$$\frac{d^2 T}{dt^2} = -\omega^2 T \tag{13a}$$

および

$$\left\{ -\frac{S}{\sigma} \frac{d^2}{dx^2} + \frac{1}{\sigma} f(x) \right\} X(x) = \omega^2 X(x) \tag{13b}$$

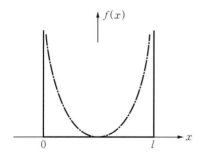

2-17 図 ——— は両端のみ固定した場合.
　—·— は中央を自由にして, 次第に両端
へゆくほど弦に対する束縛を大きくし,
両端を固定した場合.

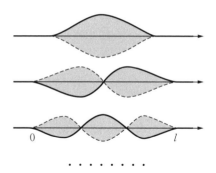

2-18 図　両端に近いほど強く束縛された
弦の定常振動 (誇張して描いてある)

という 2 つの方程式を得る.

　(13b) 式を解くことは必ずしも容易ではないが, 両端を固定した自由な弦
の場合からの類推と, 両端へ近づくにつれて振動しにくくなっていることか
ら考えて, 2-16 図に対応する定常波の形が 2-18 図のようになることが推測
されよう. これらに対する固有振動数 $\omega_1, \omega_2, \omega_3, \cdots$ がどのようになるかは
$f(x)$ の形によることであるから, ただちにはわからないが, とにかく定常波
の振動数がとびとびの値だけしかとりえないことは, 前の場合からの類推で
容易にわかるであろう. なお, このような解を求めるのに, コンピューター
を用いて数値的に積分するのも有効な手段である.

§2.7　シュレーディンガーの定常波

　再びシュレーディンガー方程式にもどり, 簡単のために 1 次元の場合を考
えよう. 波動関数を $\psi(x, t)$ としてシュレーディンガー方程式

$$i\hbar \frac{\partial \psi}{\partial t} = -\frac{\hbar^2}{2m} \frac{\partial^2 \psi}{\partial x^2} + V(x)\psi \tag{1}$$

を考えると, 左辺は弦の場合の $\partial^2 u / \partial t^2$ と異なっているが, 右辺は前節の
(2) 式 (50 ページ) と全く同様である. したがって, 弦の場合との比較で話

を進めることができよう.

そこで前節と同様に,（1）式の解として

$$\psi(x,t) = T(t)\varphi(x) \tag{2}$$

の形のものを考えてみよう. これを（1）式に代入して変数分離を行えば, 容易に次の2つの方程式を得る.

$$i\hbar\frac{dT}{dt} = \varepsilon T \tag{3a}$$

$$\left\{-\frac{\hbar^2}{2m}\frac{d^2}{dx^2} + V(x)\right\}\varphi(x) = \varepsilon\varphi(x) \tag{3b}$$

ここで ε は変数分離のときに導入された定数である. ハミルトニアンを H と記すと,（3b）式は

$$H\varphi(x) = \varepsilon\varphi(x) \tag{4}$$

と書かれる.

（3a）式の解が

$$T(t) = (定数) \times \mathrm{e}^{-i\omega t} \tag{5}$$

と書かれることはただちにわかるが, ここに ω は

$$\hbar\omega = \varepsilon \tag{6}$$

で与えられる. §1.4（2）式と比較すれば, ω が物質波 $\psi(x,t)$ の角振動数を表し, ε がエネルギーになっていることがわかる. ハミルトニアン H は粒子のエネルギーを表す式から導かれる演算子なのであるから,（4）式の両辺を比べれば, ε がエネルギーになっているのは当然である. 弦の場合と異なるのは, 振動が sine, cosine ではなく $\mathrm{e}^{-i\omega t}$ で表される点である. $T(t)$ が $\mathrm{e}^{-i\omega t}$ であるから,

$$\psi(x,t) = \mathrm{e}^{-i\omega t}\varphi(x) \tag{7}$$

と書かれるが（比例定数は $\varphi(x)$ の方に含ませる）, この場合に粒子を見出す確率は

$$|\psi(x,t)|^2 = \psi^*(x,t)\psi(x,t)$$

$$= e^{i\omega t}\varphi^*(x)e^{-i\omega t}\varphi(x) = |\varphi(x)|^2 \qquad (8)$$

のようになって，時間 t には無関係となる．sine や cosine の波ではこのようにならず，半周期ごとに ψ がいたるところで 0 になる．粒子の確率波で ψ がいたるところで 0 になるということは，粒子が消えてなくなってしまったことになるので，不都合である．この理由からもシュレーディンガーの波動関数が複素数であることは，本質的に必要なのである．

　時間に関する依存性が (7) 式のようになり，(8) 式のように粒子を見出す確率が t に無関係であるような波動関数 $\psi(x, t)$ で表される運動状態は，**定常状態**であるといわれる．定常状態 (7) 式は物質波の定常波である．

　次に，$\varphi(x)$ をきめる方程式 (3b) を考えよう．この式は前節の (13b) 式と全く同じ形をしており，異なるのは，右辺の定数が (13b) 式では ω^2 であるのに，(3b) 式では $\varepsilon = \hbar\omega$ となっていることだけである．この違いは $\partial^2 u/\partial t^2$ と $i\hbar(\partial\psi/\partial t)$ の形の相違によるものであって，弦の波と物質波の違いに基づいている．前節 (13b) 式を満たす解として，2-18 図の実線で示したようないろいろな関数 $X_1(x), X_2(x), X_3(x), \cdots$ および $\omega_1{}^2, \omega_2{}^2, \omega_3{}^2, \cdots$ が求められるのと全く同様に，(3b) 式の解として関数系

$$\varphi_1(x), \varphi_2(x), \varphi_3(x), \cdots$$

および，それに対応する ε の値

$$\varepsilon_1, \varepsilon_2, \varepsilon_3, \cdots$$

が得られるのである．このような関数系の形および ε の値は，ポテンシャル $V(x)$ の形などによるもので，次章でその例が示される．重要なことは，定常波として存在できるものは形が $\varphi_1, \varphi_2, \varphi_3, \cdots$ のようにきまっており，ε の値として許されるのは $\varepsilon_1, \varepsilon_2, \varepsilon_3, \cdots$ というように<u>とびとびの値</u>だけである，という点である．

　以上では弦の場合と比べるために話を 1 次元に限ったが，3 次元（あるいは多粒子系ではもっと高次元）の波のときでも全く同様である．ハミルトニアン

$$H = -\frac{\hbar^2}{2m}\left(\frac{\partial^2}{\partial x^2} + \frac{\partial^2}{\partial y^2} + \frac{\partial^2}{\partial z^2}\right) + V(x, y, z) \tag{9}$$

が与えられたとき，シュレーディンガー方程式は

$$i\hbar\frac{\partial \psi}{\partial t} = H\psi \tag{10}$$

であるが，これの解を

$$\psi(\boldsymbol{r}, t) = \mathrm{e}^{-i\omega t}\varphi(\boldsymbol{r}) \tag{11}$$

とおいて（10）式に代入すれば，（4）式と同様の

$$H\varphi(\boldsymbol{r}) = \varepsilon\varphi(\boldsymbol{r}) \tag{12}$$

が得られる．ここで，ε と（11）式の角振動数 ω との間には

$$\varepsilon = \hbar\omega$$

という関係が成り立っている．（11）式で表されるような波動関数で記される状態では，粒子を見出す確率を与える

$$|\psi(\boldsymbol{r}, t)|^2 = |\varphi(\boldsymbol{r})|^2 \tag{13}$$

は，t に無関係である．このような状態は**定常状態**とよばれ，定常状態の波動関数 $\varphi(\boldsymbol{r})$ を定める方程式（12）のことを**時間を含まないシュレーディンガー方程式**とよぶ．

　時間を含まないシュレーディンガー方程式（12）は，演算子 H をある関数に施した場合に，その結果が，もとの関数に ある定数 ε を掛けたものに等しい，という形をしている．この種の方程式を**固有値方程式**といい，その定数（ε）のことを対応する演算子（H）の**固有値**，関数のことを**固有関数**とよんでいる．$\varphi(\boldsymbol{r})$ は $|\varphi(\boldsymbol{r})|^2$ が粒子の存在確率を表すものであるから，原子内に束縛されている電子のような場合には，その原子のところでだけ 0 と異なった値をもち，原子から離れたところでは 0 になっていなければ物理的に無意味である．1 次元の例でいえば，2-17 図の破線で表されるようなポテンシャル $V(x)$ をもつ力（$x = l/2$ の方へ向く引力）による運動を行っている粒子の $\varphi(x)$ は，2-18 図の実線のように $0 < x < l$ の範囲に局在し，両端で 0 でなく

てはならない. このような条件にかなった解が物理的に意味のある固有関数
であり, そのような解が得られるためには ε は勝手な値ではだめで, 特定の
値 $\varepsilon_1, \varepsilon_2, \varepsilon_3, \cdots$ だけが許される. 弦の定常波の式, 前節 (13b) 式では固有値
は定常波の角振動数の 2 乗であったが, シュレーディンガー方程式では角振
動数の $\hbar$ 倍 (= 振動数の h 倍) に等しい. この相違を除けば, 弦の場合から
の類推によって, ε の固有値がとびとびになることが理解されると思う.

(12) 式の解は定数倍だけ不定であるから, 適当な数を掛けて

$$\iiint |\psi_n(\boldsymbol{r}, t)|^2 \, d\boldsymbol{r} = \iiint |\varphi_n(\boldsymbol{r})|^2 \, d\boldsymbol{r} = 1 \tag{14}$$

のように規格化しておくのが普通である.

(12) 式を解いて固有値 $\varepsilon_1, \varepsilon_2, \cdots$ と固有関数 $\varphi_1(\boldsymbol{r}), \varphi_2(\boldsymbol{r}), \cdots$ が求められた
とき, 定常解

$$\psi_n(\boldsymbol{r}, t) = \exp\left(-\frac{i\varepsilon_n t}{\hbar}\right) \varphi_n(\boldsymbol{r}) \tag{15}$$

が時間を含むシュレーディンガー方程式 (10) の解になっているのはもちろ
んであるが, いろいろな n についての 1 次結合

$$\psi(\boldsymbol{r}, t) = \sum_n c_n \exp\left(-\frac{i\varepsilon_n t}{\hbar}\right) \varphi_n(\boldsymbol{r}) \qquad (c_1, c_2, c_3, \cdots \text{ は定数}) \tag{16}$$

も (10) 式の解になっていることは簡単に確かめられる. しかし, この場合
には

$$|\psi(\boldsymbol{r}, t)|^2 = \sum_n \sum_l c_n^* c_l \varphi_n^*(\boldsymbol{r}) \varphi_l(\boldsymbol{r}) \exp\left\{\frac{i(\varepsilon_n - \varepsilon_l)t}{\hbar}\right\} \tag{17}$$

は t の関数として変化するので, このような ψ は定常状態を表す関数ではな
い. たとえば, §2.4 で考察したような, 運動する波束を表すのはこのような
波動関数である.

3

定常状態の波動関数

定常状態の波動関数を求めるためには，時間を含まないシュレーディンガー方程式 $H\varphi = \varepsilon\varphi$ を解かねばならない．本章では最も代表的な場合をいくつか例にとって，具体的な波動関数 φ の形と，固有値の値とを示す．ここに挙げたのは，古典力学で最も簡単な運動である等速度運動，単振動，ケプラー運動に対応するものであるが，それでも数学的には相当に面倒なので，式の導出の詳細は省略した．しかし，固有関数の主な様子は大体わかるようになるべく図示しておいたので，直感的でもよいからよく把握しておいてほしい．

§3.1 箱の中の自由粒子（Ⅰ）

シュレーディンガー方程式

$$H\varphi_n(\boldsymbol{r}) = \varepsilon_n \varphi_n(\boldsymbol{r}) \tag{1}$$

を解いて固有値と固有関数を求める最も簡単な例として，箱の中の粒子を考えよう．箱は 3 辺の長さが l, a, b の直方体であるとし，それぞれの辺の方向に 3-1 図のように x, y, z 軸をとることにする．箱の内部で粒子には力が作用しないとすると，ポテンシャルは一定であるから，その一定値を 0 にとれ

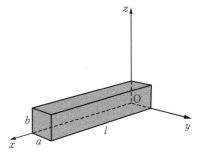

3-1 図

ば，ハミルトニアンは§2.4の（10）式（40ページ）と同じ

$$H = -\frac{\hbar^2}{2m}\left(\frac{\partial^2}{\partial x^2} + \frac{\partial^2}{\partial y^2} + \frac{\partial^2}{\partial z^2}\right) \tag{2}$$

で与えられる．

$$\exp\{i(k_x x + k_y y + k_z z)\} = e^{i\boldsymbol{k}\cdot\boldsymbol{r}}$$

という平面波が

$$H e^{i\boldsymbol{k}\cdot\boldsymbol{r}} = \frac{\hbar^2}{2m}(k_x{}^2 + k_y{}^2 + k_z{}^2)e^{i\boldsymbol{k}\cdot\boldsymbol{r}}$$

という関係を満たすことは§2.4で見たとおりである．したがって，$e^{i\boldsymbol{k}\cdot\boldsymbol{r}}$ が H の固有関数（固有値 $\hbar^2 k^2/2m$）であることは確かであるが，これは箱の中にいる粒子という条件を考慮に入れていない関数なので，いまの場合にそのままでは使えない．そこで改めて

$$-\frac{\hbar^2}{2m}\left(\frac{\partial^2}{\partial x^2} + \frac{\partial^2}{\partial y^2} + \frac{\partial^2}{\partial z^2}\right)\varphi(x,y,z) = \varepsilon\varphi(x,y,z) \tag{3}$$

を解きなおしてみることにする．

　粒子が箱の中に閉じ込められているという条件を考えてみよう．これは箱の外には出られないということなので，箱の外では $\varphi(\boldsymbol{r}) \equiv 0$ であることを意味する．ところで，波動関数は x, y, z の連続関数でなければならないという要請があるので，箱の外で $\varphi = 0$ ならば箱の内壁でも 0 でなくてはならない．すなわち，$\varphi(x,y,z)$ は

$$\varphi(0,y,z) = \varphi(l,y,z) = 0 \tag{4a}$$

$$\varphi(x,0,z) = \varphi(x,a,z) = 0 \tag{4b}$$

$$\varphi(x,y,0) = \varphi(x,y,b) = 0 \tag{4c}$$

を満たさねばならない．

　このような条件で(3)式を解くために，50ページと同様に変数分離を試みる．

$$\varphi(x,y,z) = X(x)Y(y)Z(z) \tag{5}$$

とおいて，これを（3）式に代入し，全体を XYZ で割ると

$$-\frac{\hbar^2}{2m}\frac{X''}{X} - \frac{\hbar^2}{2m}\frac{Y''}{Y} - \frac{\hbar^2}{2m}\frac{Z''}{Z} = \varepsilon \qquad (6)$$

が得られる．ただし，d^2X/dx^2 を X'' などと略記した．左辺の各項はそれぞれ x だけ，y だけ，z だけの関数であるから，これらは定数でなくてはならない．ゆえに，

$$-\frac{\hbar^2}{2m}\frac{X''}{X} = \varepsilon_x, \qquad -\frac{\hbar^2}{2m}\frac{Y''}{Y} = \varepsilon_y, \qquad -\frac{\hbar^2}{2m}\frac{Z''}{Z} = \varepsilon_z \qquad (7)$$

$$\varepsilon = \varepsilon_x + \varepsilon_y + \varepsilon_z \qquad (7a)$$

が得られる．

（7）の3式は皆同じ形をしているから，X に関するものだけを解こう．それは

$$-\frac{\hbar^2}{2m}\frac{d^2X}{dx^2} = \varepsilon_x X \qquad (8)$$

であるが，これを

$$\frac{d^2X}{dx^2} = -\frac{2m\varepsilon_x}{\hbar^2}X$$

と書くと，両端を固定した自由弦に対する §2.6 (4b) 式（51ページ）と全く同形である．条件 (4a) 式から $X(0) = X(l) = 0$ が要求されているから，§2.6 の考察がそのまま適用できて，$X(x)$ は

$$X(x) = A\sin\left(\frac{n_x\pi}{l}x\right) \qquad (n_x = 1, 2, 3, \cdots) \qquad (9)$$

と決定される．これを (8) 式に入れてみれば

$$\varepsilon_x = \frac{\hbar^2}{2m}\left(\frac{n_x\pi}{l}\right)^2 \qquad (10)$$

は，ただちにわかる．

（9）式の定数 A は，規格化の条件から次のようにきめればよい．

$n_x = 8$ ————

$n_x = 7$ ————

$n_x = 6$ ————

$n_x = 5$ ————

$n_x = 4$ ————
$n_x = 3$ ————
$n_x = 2$ ————
$n_x = 1$ --------- 0

3-2 図 等速往復運動のエネルギー準位

$$1 = \iiint |\varphi|^2 \, d\boldsymbol{r} = \int_0^l |X(x)|^2 \, dx \int_0^a |Y(y)|^2 \, dy \int_0^b |Z(z)|^2 \, dz$$

において，x, y, z の3方向は同格だから

$$\int_0^l |X(x)|^2 \, dx = \int_0^a |Y(y)|^2 \, dy = \int_0^b |Z(z)|^2 \, dz = 1$$

とするのが最も自然であろう．そうすると

$$\int_0^l |A|^2 \sin^2\left(\frac{n_x \pi}{l} x\right) dx = \frac{|A|^2}{2} l = 1$$

より

$$A = \sqrt{\frac{2}{l}}$$

と，とればよいことがわかる．ゆえに，$X(x)$ は

$$X(x) = \sqrt{\frac{2}{l}} \sin\left(\frac{n_x \pi}{l} x\right) \tag{11}$$

ときまった．y 方向と z 方向も全く同様であるから，結局

$$\varphi(x, y, z) = \sqrt{\frac{8}{lab}} \sin\left(\frac{n_x \pi}{l} x\right) \sin\left(\frac{n_y \pi}{a} y\right) \sin\left(\frac{n_z \pi}{b} z\right) \tag{12}$$

$$(n_x, n_y, n_z = 1, 2, 3, \cdots)$$

が求める固有関数で，その固有値は次のように与えられる．

$$\varepsilon = \frac{\hbar^2}{2m}\left\{\left(\frac{n_x \pi}{l}\right)^2 + \left(\frac{n_y \pi}{a}\right)^2 + \left(\frac{n_z \pi}{b}\right)^2\right\} \tag{13}$$

　この問題で以上のように計算が x, y, z の3方向に容易に分離できたのは，H が x だけに関係した項，y だけに関係した項，z だけに関係した項の和になっているからである．このような場合には，古典力学でも運動方程式を3方向に分けることができ，それぞれが独立な等速往復運動になることはすぐにわかる．

　このような等速往復運動に対応する波動関数が（11）式のように表されるのであるが，波動性による定常波の条件（両端が節になる必要がある）から，波長が特定のとびとびの値に限定され，それに対応してエネルギー ε_x が

(10) 式のように，とびとびの値だけに限られてしまうのである．n_x, n_y, n_z は
これらの値を指定する番号であって，$1, 2, 3, \cdots$ と増加するにつれて往復運動
が激しくなることを示している．このように，とびとびの固有運動状態に番
号づけをする n_x, n_y, n_z のような数を**量子数**とよぶ．いまの場合，箱の中の粒
子の運動は 3 つの量子数の組（n_x, n_y, n_z）によって完全に指定されることに
なる．したがって，§2.7 で ε_n, φ_n などと記した添字 n としては，いまの場合
には 3 つの数の組（n_x, n_y, n_z）を用いるべきであるが，わずらわしいので
(12), (13) 式では添字を省略したのである．なお，今後 1 つの文字（たとえ
ば n）でいくつかの数の組を代表させることがあるから，そのつもりで注意
していただきたい．

(13) 式で最も ε が低いものを求めよう．n_x, n_y, n_z のどれかを 0 にすると
$\varphi = 0$ となり，そのような状態は規格化できない（あるいは，粒子が存在し
ないことになる）ので，n_x, n_y, n_z はいずれも $1, 2, 3, \cdots$ の値をとる．そこで

$$n_x = n_y = n_z = 1$$

とおけば

$$\varepsilon_{111} = \frac{\hbar^2 \pi^2}{2m} \left(\frac{1}{l^2} + \frac{1}{a^2} + \frac{1}{b^2} \right) \tag{14}$$

である．これが箱の中の粒子の**基底状態**のエネルギーである．注意すべきこ
とは，最低エネルギーの状態においても往復運動のエネルギーは 0 ではなく
て，それぞれ

$$\varepsilon_x = \frac{\hbar^2 \pi^2}{2ml^2}, \quad \varepsilon_y = \frac{\hbar^2 \pi^2}{2ma^2}, \quad \varepsilon_z = \frac{\hbar^2 \pi^2}{2mb^2} \tag{15}$$

という有限値をもつという事実である．これは，不確定性原理と関連した量
子的な現象であって，このようなエネルギーを**零点エネルギー**といい，質量
の小さな粒子を狭いところに閉じ込めたときほど大きくなることは (15) 式
からわかるとおりである．小さな子供を狭いところに入れれば暴れることを
思い出していただけばよいと思う．

　量子数が 2, 3, … と増せばエネルギーは高くなるが，その具合 ―― **エネル
ギー準位*** の間隔 ―― も運動範囲や質量が小さいほど，とびとびの度合がい
ちじるしい．とびとびになるというのは量子効果であるが，

　　量子効果が顕著なのは軽い粒子が狭い範囲内で運動をする場合である

ということが，この例によってわかるであろう．

　基底状態以外の状態を**励起状態**とよぶ．$l > a > b$ ならば，最も下の励起
状態は $n_x = 2, n_y = n_z = 1$ のものであって，その固有値は

$$\varepsilon_{211} = \frac{\hbar^2 \pi^2}{2m}\left(\frac{4}{l^2} + \frac{1}{a^2} + \frac{1}{b^2}\right)$$

で与えられる．このように n_x, n_y, n_z にいろいろの正整数値を与えることに
よって，すべてのエネルギー固有値が求められる．

　場合によっては，運動状態（波動関数）は異なるのに，エネルギー固有値
が等しいことがある．たとえば

$$l > a = b$$

のときには

$$\varepsilon_{121} = \varepsilon_{112} = \frac{\hbar^2 \pi^2}{2m}\left(\frac{1}{l^2} + \frac{5}{a^2}\right)$$

である．このようなとき，それらの定常状態は**縮退**あるいは**縮重**していると
いう．固有値が重なっているなどという場合もある．このような縮退が起き
るのは，上の例における $a = b$ のように，考えている系が何らかの対称性を
もっている場合に多い．

　[**例題**]　$m = 9.11 \times 10^{-31}$ kg の電子が一辺の長さ 1 Å $= 10^{-10}$ m の立方体
の箱の中に閉じ込められているとき，そのエネルギー準位を eV（電子ボルト）
単位で表して，下から 5 番目まで求めてみよ．

---

*　準位とかレベルというのは，エネルギーの固有値を示すのに，その値に比例した高
　さの横線で表すことが多いからである（たとえば，61 ページの 3-2 図参照）．

[**解**] (13) 式で $l = a = b = 10^{-10}$ m とすれば

$$\varepsilon = \frac{\pi^2 \hbar^2}{2ml^2}(n_x{}^2 + n_y{}^2 + n_z{}^2) = 37.6 \times (n_x{}^2 + n_y{}^2 + n_z{}^2)\,\mathrm{eV}$$

基底状態は ε_{111} で縮退はなく，その上に三重に縮退した $\varepsilon_{211} = \varepsilon_{121} = \varepsilon_{112}, \varepsilon_{221} = \varepsilon_{212} = \varepsilon_{122}$ および $\varepsilon_{311} = \varepsilon_{131} = \varepsilon_{113}$ があり，5番目に縮退のない ε_{222} がくる．エネルギーの値は 37.6 eV を単位として，それぞれの 3, 6, 9, 11, 12 倍である． 🖎

§3.2　箱の中の自由粒子（Ⅱ）

前節では箱の中で3方向に往復運動をする粒子を考えたが，今度は往復ではなく，1方向にだけ動き続ける運動がどのような波動関数で表されるのかを調べてみよう．それには，前節と同じ箱で l が a, b よりもずっと大きいものとし（$l \gg a, l \gg b$），さらに，この管を曲げて両端をつないだと考えよう．管が十分に細くて長ければ，曲がりの効果は無視できることが証明されるので，前節との取扱いの違いは，x 方向の境界条件として，前節 (4a) 式の代りに，ひと回りするともとにもどるという条件 —— **周期的境界条件**という ——

3-3図　細長い管を丸めてつなぐ.

$$\varphi(x + l, y, z) = \varphi(x, y, z) \tag{1}$$

が課せられるということである．このために，$Y(y)$ と $Z(z)$ は前と同じであるが，$X(x)$ は違ってくる．$X(x)$ が満たすべき方程式

$$\frac{d^2 X}{dx^2} = -\frac{2m\varepsilon_x}{\hbar^2}X \tag{2}$$

は同じなので，$\varepsilon_x > 0$ の独立な2つの解として

$$X = \exp(ik_x x) \quad \text{および} \quad \exp(-ik_x x) \tag{3}$$

または

$$X = \sin k_x x \quad \text{および} \quad \cos k_x x \tag{4}$$

の2組が得られ，この4つのどれを (2) 式に入れても

$$\varepsilon_x = \frac{\hbar^2 k_x^2}{2m} \qquad\qquad (5)$$

が得られる. もっと一般に, 定数 2 個を含む (2) 式の一般解は

$$X = C_1 \exp(ik_x x) + C_2 \exp(-ik_x x) \qquad\qquad (6)$$

または

$$X = A \sin k_x x + B \cos k_x x \qquad\qquad (7)$$

と表される. (3), (4), (6), (7) 式のどれも (2) 式の解で, そのエネルギー固有値は共通の (5) 式で与えられる.

　ここで境界条件を考えてみると, (1) 式は

$$X(x + l) = X(x) \qquad\qquad (8)$$

ということであるから, $X(x)$ が長さ l ごとに同じことをくり返す周期関数になっていればよい.＊　そのためには, 波長 $2\pi/k_x$ が l の整数分の 1 であるという条件,

$$k_x = \frac{2\pi}{l} n_x \qquad (n_x = 0, 1, 2, 3, \cdots) \qquad\qquad (9)$$

が満たされていればよい. 前節の (9) 式に比べると, π/l でなく $2\pi/l$ の整数倍であることと, 今度は $n_x = 0$ も許されることに注意しよう. これらの k_x のおのおのに対して, x 方向の運動エネルギーの固有値として, とびとびの値

$$\varepsilon_x = \frac{\hbar^2 k_x^2}{2m} = \frac{h^2}{2ml^2} n_x^2 \qquad (n_x = 0, 1, 2, 3, \cdots) \qquad\qquad (10)$$

が得られる.

　(3), (4) 式を

$$\int_0^l |X(x)|^2 \, dx = 1$$

によって規格化しておくと,

$$n_x = 0$$

＊　x の範囲として $0 \leqq x \leqq l$ だけを考え, 左端と右端をなめらかにつなぐ条件 $X(l) = X(0)$, $X'(l) = X'(0)$ としても同じである.

に対しては固有関数はただ1つ

$$X(x) = \frac{1}{\sqrt{l}} \tag{11}$$

だけしかないが，$n_x = 1, 2, 3, \cdots$ に対しては

$$X(x) = \frac{1}{\sqrt{l}} \exp\left(ik_x x\right) \quad \text{および} \quad \frac{1}{\sqrt{l}} \exp\left(-ik_x x\right) \tag{12a}$$

あるいは

$$X(x) = \sqrt{\frac{2}{l}} \sin k_x x \quad \text{および} \quad \sqrt{\frac{2}{l}} \cos k_x x \tag{12b}$$

が独立な解となる．(12a) 式と (12b) 式のどちらでもよい，という点については，次の節でその意味を改めて説明する．

[例題] ベンゼン C_6H_6 の分子は6個の炭素原子が正六角形の頂点に配置し，その六角形の環に沿ってぐるぐる回る6個の電子をもつことが知られている．隣り合う炭素原子間の距離は 1.32 Å なので，この六角環を周が $l = 7.92$ Å の環とみなし，本節の方法を適用して6個の電子のおのおのに対するエネルギー固有値の低いものを求めてみよ．

[解] 3方向全部を考えたときのエネルギー固有値は，前節 (13) 式の右辺の第1項を本節の (10) 式で置き換えた

$$\varepsilon = \varepsilon_x + \varepsilon_y + \varepsilon_z = \frac{h^2}{2ml^2} n_x^2 + \frac{\hbar^2 \pi^2}{2m}\left(\frac{n_y^2}{a^2} + \frac{n_z^2}{b^2}\right)$$

で与えられる．$l \gg a, b$ とすると，基底状態 $n_x = 0, n_y = n_z = 1$ に続く低い励起状態は，$n_y = n_z = 1$ は変わらず n_x だけが $1, 2, 3, \cdots$ と変化したものである．基底状態のエネルギーを ε_{011} とし，これとの差をとると

$$\varepsilon_{111} - \varepsilon_{011} = \frac{h^2}{2ml^2}$$

$$\varepsilon_{211} - \varepsilon_{011} = \frac{2h^2}{ml^2}$$

$$\varepsilon_{311} - \varepsilon_{011} = \frac{9h^2}{2ml^2}$$

$$\cdots\cdots$$

となる．l に 7.92 Å を代入して計算すると，ε_{211} と ε_{111} の差は

$$\varepsilon_{211} - \varepsilon_{111} = \frac{3h^2}{2ml^2} = 7 \text{ eV}$$

となることがわかる．これを $h\nu = hc/\lambda$ に等しいとおいて，この 2 つの状態間の遷移で吸収または放出される光の波長を求めると $\lambda \cong 2000$ Å を得る．実際のベンゼンでこの遷移に対応すると考えられるスペクトル線の実測値は 2500 Å であるが，このような粗い近似による計算値としてはよい一致を示すものと考えられる．✑

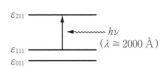

3-4 図　ベンゼンの自由電子模型のエネルギー準位

§3.3　縮退と直交性

　前の 2 つの節で，x 方向の運動に対する境界条件が違ったために，固有値と固有関数がかなり違ってくることを見た．3-5 図に見るように，周期的境界条件 $X(x + l) = X(x)$ の場合の固有値は $X(0) = X(l) = 0$ の場合の固有値を 1 つおきにとることになる代りに，基底状態を除き，すべての準位は二重に縮退している．固有関数のとり方に任意性を生じるのは，一般にこのような縮退がある場合である．

　縮退を生じない境界条件 $X(0) = X(l) = 0$ の場合には，得られた固有関数（62 ページ（11）式，n_x を n と略記する）

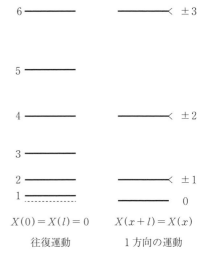

3-5 図　左は $X(0) = X(l) = 0$, 右は $X(x + l) = X(x)$ の場合の固有値．右側の準位は，基底状態以外はすべて二重に縮退している．

$$X_n(x) = \sqrt{\frac{2}{l}} \sin\left(\frac{n\pi}{l}x\right) \quad (n = 1, 2, 3, \cdots) \tag{1}$$

は,

$$\int_0^l X_n{}^*(x) X_{n'}(x)\, dx = \begin{cases} 1 & (n = n' \text{ のとき (規格化)}) \\ 0 & (n \neq n' \text{ のとき}) \end{cases} \tag{2}$$

を満たす.＊ これは三角関数の公式を使えば容易に証明できるから,証明は読者にまかせる. $n \neq n'$ のときに $X_n{}^*$ と $X_{n'}$ の積の積分が0になるが,このとき $X_n{}^*$ と $X_{n'}$ とは**直交**しているという. 2つの運動状態が互いに直交するときに,これらは"異なる"状態であると考えるのである. 一般に,ある一定の条件を満たす演算子(ハミルトニアンはその中に入る)の,異なる固有値に対する固有関数は互いに直交することが証明されるが,上の $X_n(x)$ はその一例である.

では,縮退があるとどうなるだろうか. いま,2個あるいはそれ以上の関数が同じ固有値に対する固有関数であったとする.

$$H\varphi^{(1)} = \varepsilon\varphi^{(1)}, \quad H\varphi^{(2)} = \varepsilon\varphi^{(2)}, \quad H\varphi^{(3)} = \varepsilon\varphi^{(3)}, \quad \cdots \tag{3}$$

このときには,これらの関数からつくった勝手な1次結合

$$\varphi = a_1\varphi^{(1)} + a_2\varphi^{(2)} + a_3\varphi^{(3)} + \cdots \tag{4}$$

も,同じ固有値に属する固有関数になっていることは容易にわかる.

$$\begin{aligned} H\varphi &= H\{a_1\varphi^{(1)} + a_2\varphi^{(2)} + a_3\varphi^{(3)} + \cdots\} \\ &= a_1 H\varphi^{(1)} + a_2 H\varphi^{(2)} + a_3 H\varphi^{(3)} + \cdots \\ &= a_1\varepsilon\varphi^{(1)} + a_2\varepsilon\varphi^{(2)} + a_3\varepsilon\varphi^{(3)} + \cdots \\ &= \varepsilon\{a_1\varphi^{(1)} + a_2\varphi^{(2)} + a_3\varphi^{(3)} + \cdots\} = \varepsilon\varphi \end{aligned}$$

したがって,同じ固有値をもつ固有関数はいくらでもつくることができる. それらを並べ立てたらきりがない. では,どうすればよいのか.

具体例として,周期的境界条件 $X(x + l) = X(x)$ を課した場合の自由運

＊ 実数関数なので＊(複素共役の印)はなくても同じであるが,もっと一般の場合をも考えてつけておく.

動を考えよう. この場合には, 前節の (12a) 式の2つを

$$X_+ = \frac{1}{\sqrt{l}} \exp{(ik_x x)}, \quad X_- = \frac{1}{\sqrt{l}} \exp{(-ik_x x)} \tag{5}$$

とすると, 計算してみればすぐわかるように, これらは互いに直交する.

$$\int_0^l X_+{}^*(x) X_-(x)\,dx = \int_0^l X_-{}^*(x) X_+(x)\,dx = 0 \tag{6}$$

したがって, X_+ と X_- は"異なる"2つの運動を表している.

　では, これらはどんな運動状態を表しているのであろうか. ここで, 波動関数の時間因子 $\exp{(-i\omega_x t)} = \exp{(-i\varepsilon_x t/\hbar)}$ を掛けると

$$X_+ = \frac{1}{\sqrt{l}} \exp{\{i(k_x x - \omega_x t)\}} \quad および \quad X_- = \frac{1}{\sqrt{l}} \exp{\{i(-k_x x - \omega_x t)\}}$$

$$\tag{7}$$

という2つの関数が得られるが, これらはそれぞれ $+x$ 方向および $-x$ 方向に位相速度 ω_x/k_x で進む**進行波**を表している. ところで, いまは管を丸めてあるから, これらの波は管に沿ってぐるぐると回る波になっていると考えられる. 回る向きが反対ならば状態としては確かに違うのであるから, エネルギー ($\varepsilon_x = \hbar\omega_x$) が同じであっても不思議はない. したがって, $k_x = 0$ のときを除き, すべての状態が右回りと左回りとで二重に縮退しているのは当然である. もしこの粒子が荷電粒子であるならば, 回転によって磁気モーメントを生じるから, その向きを調べることによって, どちら向きかを知ることが可能である. エネルギーの値以外の情報としてそこまでわかっていれば, 荷電粒子の運動は $X_+(x)$ か $X_-(x)$ かのどちらかに確定することになる.

　この場合, エネルギーのきまった1次元の自由運動としては, 向きの反対な2つ以外はないから, $X_+(x)$ と $X_-(x)$ ですべてがつくされていることになる. 縮退は二重であって, 一重でも三重以上でもない.

　しかし, $X_+(x)$ と $X_-(x)$ からつくられる1次結合なら, すべて同じエネルギーをもった運動状態 ($H\varphi = \varepsilon\varphi$ の解) として許されるというのだから, エネルギーの値 ε だけしか確かめていないとき, つまりエネルギーが ε の固有

状態というときには, $X_+(x)$ と $X_-(x)$ から得られるどんな1次結合をとって
もよいことになる. だからといって, 無限にあるものを片端から並べ立てて
も無意味である. 前節で (12a) 式 ($X_+(x)$ と $X_-(x)$) <u>あるいは</u> (12b) 式

$$\left. \begin{aligned} \sqrt{\frac{2}{l}}\,\sin k_x x &= \frac{1}{\sqrt{2}\,i}\{X_+(x) - X_-(x)\} \\ \sqrt{\frac{2}{l}}\,\cos k_x x &= \frac{1}{\sqrt{2}}\{X_+(x) + X_-(x)\} \end{aligned} \right\} \tag{8}$$

としたのは, これもすぐ確かめられるように, この2つの関数が互いに<u>直交</u>
するからなのである.

　このような事情は, 1つの2次元空間 (つまり平面) の中のベクトルの場合
によく似ている. 2次元空間の勝手なベクトル $\boldsymbol{A}$ は, 互いに直交する長さが
1のベクトル $\boldsymbol{e}_1$ と $\boldsymbol{e}_2$ を使って, 1次結合として

$$\boldsymbol{A} = A_1\boldsymbol{e}_1 + A_2\boldsymbol{e}_2$$

のように表すことができる. 固有値 ε に属する H の固有関数 φ というのは
この $\boldsymbol{A}$ のようなものであり, $X_+(x)$ と $X_-(x)$ は, この $\boldsymbol{e}_1, \boldsymbol{e}_2$ に相当すると思
えばよい. ε がわかっただけでは, この "平面" までしかきまらないので, そ
のことを表すために, この平面内にとった適当な直交する2つのベクトルと
して, $X_+(x)$ と $X_-(x)$, <u>あるいは</u>上記の2つ, <u>あるいは</u>もっと別の直交する
2つ, …を用いるというわけである. $X_+(x)$ と $\sin k_x x$ とをとっては絶対に
いけないとは言いきれないが, 適当でないことは明らかであろう.

　古典力学的に考えると, 円環内の運動としては, 右回りと左回りの2つは
起こりうるが, それらを重ね合わせた運動などというものは考えようがない.
確かめていないためにどっちだかわからないから, とりあえず混ぜたもので
も考えておけ, ということのように思いたくなってしまう. §3.1の場合
($X(0) = X(l) = 0$ の等速往復運動) ならば, 右往と左往とを重ねた $\sin k_x x$
や $\cos k_x x$ も確かに解にはなっているから仕方がないようにも思えるが, 壁
でのはね返りがないのに, それと同じような振舞を粒子が行うはずはない,

という気がする読者も多いと思う．しかし，これはやはり古典力学的な考え方にとらわれているのだと思ってほしい．自由な運動をはじめる前に何らかの方法で粒子が特定の x（たとえば $x = 0$）の近くにいることを確かめてあったとすると，(8) 式のうちで，その x のところに腹のあるような定常波 $(\cos k_x x)$ になっていることがわかる，ということなのである．

§3.4　調和振動子

　古典力学で，一定点からの距離に比例する引力を受けて一直線上を運動する質点が単振動を行うことはよく知られている．この場合の運動方程式は

$$m\frac{d^2x}{dt^2} = -kx \tag{1}$$

であるが，右辺の力を導くポテンシャルは

$$V(x) = \frac{1}{2}kx^2 \tag{2}$$

と，とればよい．エネルギーは

$$\frac{m}{2}\left(\frac{dx}{dt}\right)^2 + \frac{k}{2}x^2 = \frac{1}{2m}p_x^2 + \frac{k}{2}x^2 \tag{3}$$

で与えられる．(1) 式の解は

$$x = A\sin(\omega t + \delta), \quad \omega = \sqrt{\frac{k}{m}} \tag{4}$$

という形をもち，これから得られる速度は

$$\frac{dx}{dt} = A\omega\cos(\omega t + \delta)$$

であるから，(3) 式に代入して

$$\text{エネルギー} = \frac{m\omega^2}{2}A^2\{\cos^2(\omega t + \delta) + \sin^2(\omega t + \delta)\}$$
$$= \frac{1}{2}m\omega^2 A^2 \tag{5}$$

という，時間によらない一定値をとることは周知のとおりである．

ハミルトニアンはエネルギーを運動量と座標の関数として表したものであるから，いまの場合は (3) 式の右辺

$$H = \frac{1}{2m}p_x{}^2 + \frac{k}{2}x^2$$

で与えられる．力の定数 k よりも，$k = m\omega^2$ を入れて

$$H = \frac{1}{2m}p_x{}^2 + \frac{1}{2}m\omega^2 x^2 \quad (6)$$

と記すことの方が多いので，以下はそれに従うことにする．

 量子力学に移るには p_x を $-i\hbar(\partial/\partial x)$ に置き換えればよいのであるが，量子力学で実際に一直線上の粒子の運動というものはありえないことを注意しておこう．なぜなら，粒子が x 軸で動いているということは，y と z が常に0ということであり，$y = z = 0$ ならば，p_y と p_z も常に0ということになり，不確定性原理に矛盾するからである．実際に考えうるのは3次元空間内で原点からの距離に比例する引力を受ける場合であって，

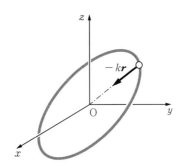

3-6 図 原点からの距離に比例した大きさの引力を受けて行う質点の運動は楕円振動になるが，これは3つの1次元調和振動子に分解される．

質点の位置を $\boldsymbol{r}$ とするとき，力は $-k\boldsymbol{r}$ で表される．古典力学の運動方程式は (1) 式と同型の3つの式

$$m\frac{d^2x}{dt^2} = -kx, \quad m\frac{d^2y}{dt^2} = -ky, \quad m\frac{d^2z}{dt^2} = -kz$$

で与えられ，独立な3つの単振動（1次元調和振動子）に分けて考えることができる．量子力学でも事情は同じである．ポテンシャルが

$$V(\boldsymbol{r}) = \frac{k}{2}(x^2 + y^2 + z^2) \quad (k = m\omega^2) \quad (7)$$

で与えられるので，ハミルトニアンは

$$H = -\frac{\hbar^2}{2m}\left(\frac{\partial^2}{\partial x^2} + \frac{\partial^2}{\partial y^2} + \frac{\partial^2}{\partial z^2}\right) + \frac{m\omega^2}{2}(x^2 + y^2 + z^2) \quad (8)$$
$$= H_x + H_y + H_z$$

ただし，

$$H_x = -\frac{\hbar^2}{2m}\frac{\partial^2}{\partial x^2} + \frac{m\omega^2}{2}x^2 \qquad (H_y \text{ と } H_z \text{ も同様})$$

のように分けられる．そこで，シュレーディンガー方程式

$$H\varphi(\boldsymbol{r}) = \varepsilon\varphi(\boldsymbol{r})$$

を解くのに，§3.1 のときと同様に

$$\varphi(\boldsymbol{r}) = u(x)\,v(y)\,w(z) \tag{9}$$

とおいて代入すれば変数分離ができて

$$H_x u(x) = \varepsilon_x u(x), \qquad H_y v(y) = \varepsilon_y v(y), \qquad H_z w(z) = \varepsilon_z w(z) \tag{10}$$

という 3 つの同じ形の方程式が得られる．これらのおのおのは，一直線上を単振動する 1 次元調和振動子のシュレーディンガー方程式の形をしている．以下では，このうちの 1 個だけを扱うわけである．そういう意味で，1 次元調和振動子は非現実的なものではない．また §1.1 でも述べたように，電磁波をいろいろな波長の波の重ね合せで表し，その各成分の電磁波を適当に取扱うと，それが調和振動子と数学的に同等なので，1 次元調和振動子の応用は広い．

　さて，以下では (10) 式の第 1 式だけを考えることにし，添字 x を省くことにする．解くべき方程式は

$$\left(-\frac{\hbar^2}{2m}\frac{d^2}{dx^2} + \frac{1}{2}m\omega^2 x^2\right)u(x) = \varepsilon u(x) \tag{11}$$

であるが，ハミルトニアンを

$$H = \hbar\omega\left(-\frac{\hbar}{2m\omega}\frac{d^2}{dx^2} + \frac{m\omega}{2\hbar}x^2\right)$$

$$= \hbar\omega\left\{\left(-\sqrt{\frac{\hbar}{2m\omega}}\frac{d}{dx} + \sqrt{\frac{m\omega}{2\hbar}}x\right)\left(\sqrt{\frac{\hbar}{2m\omega}}\frac{d}{dx} + \sqrt{\frac{m\omega}{2\hbar}}x\right) + \frac{1}{2}\right\}$$

のように変形する．第 1 行目の右辺を "因数分解" したときに，d/dx と x の順序が可換でなくて

$$\frac{d}{dx}x = 1 + x\frac{d}{dx} \qquad \therefore \quad \frac{d}{dx}x - x\frac{d}{dx} = 1$$

　（これら各項の右に，さらに他の関数があることに注意！）

となるために，{ } 内の最後に 1/2 が現れるのである．そこで，$a^\dagger, a$ という演算子を

$$a^\dagger = -\sqrt{\frac{\hbar}{2m\omega}}\frac{d}{dx} + \sqrt{\frac{m\omega}{2\hbar}}x$$
$$a = \sqrt{\frac{\hbar}{2m\omega}}\frac{d}{dx} + \sqrt{\frac{m\omega}{2\hbar}}x \tag{12}$$

によって定義すると，この $a^\dagger$ と a は

$$aa^\dagger - a^\dagger a = 1 \tag{13}$$

という**交換関係**を満たすことがすぐわかる.*

この $a^\dagger, a$ を用いると，ハミルトニアンは

$$H = \hbar\omega\left(a^\dagger a + \frac{1}{2}\right) \tag{14}$$

となる．いま，a を施すと 0 になる関数を求めてみよう．(12) 式から，それは

$$\frac{df(x)}{dx} = -\frac{m\omega}{\hbar}x\,f(x)$$

の解であるから，

$$f(x) = (定数)\exp\left(-\frac{m\omega}{2\hbar}x^2\right) \quad (ガウス関数)$$

となることは，すぐ確かめられる．(14) 式から明らかなように，この $f(x)$ は H の固有関数で，固有値は $(1/2)\hbar\omega$ である．

$$H f(x) = \frac{1}{2}\hbar\omega\,f(x)$$

また，この $f(x)$ は 2-18 図（54 ページ）の一番上の定常波の形をしているから，H の基底状態の波動関数 —— $u_0(x)$ としよう —— に比例すると考えられる．そこで

$$\int_{-\infty}^{\infty} u_0{}^*(x)\,u_0(x)\,dx = 1$$

---

* 交換関係で最も基本的なのは $p_x = -i\hbar(\partial/\partial x)$ と x の間に成り立つ
$$xp_x - p_x x = i\hbar \quad (y, z 成分も同様)$$
である．不確定性原理（§2.2 の (3) 式，26 ページ）もこれに結びつけることができる．量子論では，演算子がどのような交換関係を満たすかが非常に重要である．

になるように規格化すれば*，基底状態の固有関数と固有値が

$$u_0(x) = \left(\frac{m\omega}{\pi\hbar}\right)^{1/4} \exp\left(-\frac{m\omega}{2\hbar}x^2\right), \quad \varepsilon_0 = \frac{1}{2}\hbar\omega \qquad (15)$$

のように求められる．

$u_n(x)$ が $Hu_n(x) = \varepsilon_n u_n(x)$ を満たす規格化された固有関数であるときに，これに $a^\dagger$ を施した関数 $a^\dagger u_n(x)$ を考えてみよう．交換関係 (13) 式を使って $aa^\dagger$ を $a^\dagger a + 1$ に変えることにより

$$\begin{aligned}
Ha^\dagger u_n(x) &= \hbar\omega\left(a^\dagger aa^\dagger + \frac{1}{2}a^\dagger\right)u_n(x) \\
&= \hbar\omega\left(a^\dagger a^\dagger a + \frac{3}{2}a^\dagger\right)u_n(x) \\
&= a^\dagger \hbar\omega\left(a^\dagger a + \frac{1}{2} + 1\right)u_n(x) \\
&= a^\dagger(H + \hbar\omega)u_n(x) \\
&= a^\dagger(\varepsilon_n + \hbar\omega)u_n(x) = (\varepsilon_n + \hbar\omega)a^\dagger u_n(x)
\end{aligned}$$

となることが示されるから，$a^\dagger u_n(x)$ も H の固有関数で —— ただし規格化はされていない —— 固有値は $\varepsilon_n + \hbar\omega$ になっていることがわかる．したがって，$u_0(x)$ から出発して $a^\dagger$ を次々と掛けることにより，$\hbar\omega$ ずつ固有値の増す固有関数の列が得られることになるから，$u_0(x)$ に $a^\dagger$ を n 回施して規格化したのが $u_n(x)$ だと考えれば，

$$H u_n(x) = \varepsilon_n u_n(x), \quad \varepsilon_n = \left(n + \frac{1}{2}\right)\hbar\omega \qquad (16)$$

ということになる．また，これと (13), (14) 式からただちに

$$\left.\begin{aligned}
a^\dagger a u_n(x) &= n u_n(x) \\
aa^\dagger u_n(x) &= (n+1)u_n(x)
\end{aligned}\right\} \quad (n = 0, 1, 2, \cdots) \qquad (17)$$

も導かれる．

---

* 公式 $\int_{-\infty}^{\infty} \exp(-\alpha x^2)\,dx = \sqrt{\dfrac{\pi}{\alpha}}$ を用いる．

規格化を考えるために，$a^\dagger u_n$ の 2 乗の積分を考えてみる．u_n は実数だから * はつけない．

$$I = \int_{-\infty}^{\infty} (a^\dagger u_n)(a^\dagger u_n)\, dx$$

いま，これの被積分関数の左端にある $a^\dagger$ —— これは，そのとなりの u_n だけに作用する演算子である —— を，その u_n の右に移すことを考えてみよう．$a^\dagger$ の中の x に比例する項は，そのまま u_n と交換してかまわないが，微分演算子 d/dx を含む項が問題である．部分積分法の公式

$$\int_{-\infty}^{\infty} \frac{df}{dx} F(x)\, dx = [f(x)F(x)]_{-\infty}^{\infty} - \int_{-\infty}^{\infty} f(x) \frac{dF}{dx}\, dx$$

において，いまは $f(x)$ や $F(x)$ として，$x \to \pm\infty$ で十分すみやかに 0 になるガウス関数のかかったものを考えているので，右辺の第 1 項は消えるから，結局

$$\int_{-\infty}^{\infty} \frac{df}{dx} F(x)\, dx = \int_{-\infty}^{\infty} f(x)\left(-\frac{dF}{dx}\right) dx$$

となる．このことを使うと，I の式の左端の $a^\dagger$ を右へ移動させるときには，a に変えればよいことがわかる．

$$I = \int_{-\infty}^{\infty} (a^\dagger u_n)(a^\dagger u_n)\, dx = \int_{-\infty}^{\infty} u_n a a^\dagger u_n\, dx$$

同様にして

$$I' = \int_{-\infty}^{\infty} (a u_n)(a u_n)\, dx$$
$$= \int_{-\infty}^{\infty} u_n a^\dagger a u_n\, dx$$

も容易に証明される．そうすると，u_n は規格化されているので，(17) 式により

$$I = n + 1, \qquad I' = n$$

となるから，結局

$$a^\dagger u_n = \sqrt{n+1}\, u_{n+1} \tag{18}$$
$$a u_n = \sqrt{n}\, u_{u-1}$$

が導かれる．

こうして，調和振動子の固有関数

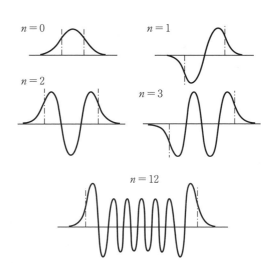

3-7 図 1 次元調和振動子の波動関数．縦の破線は，同じエネルギーをもつ古典的単振動の両端の位置を示す．$n = 0$ は零点振動を表す．

$$u_n(x) = \frac{1}{\sqrt{n!}}(a^\dagger)^n u_0(x) \tag{19}$$

および固有値

$$\varepsilon_n = \left(n + \frac{1}{2}\right)\hbar\omega \tag{20}$$

が求められたことになる（これ以外の固有値，固有関数はないことの証明は省く）．$u_n(x)$ は，x の n 次の多項式にガウス関数（$u_0(x)$ と同じ）を掛けたものである．

　以上の計算で用いられた，量子数 n を上げたり下げたりする演算子 $a^\dagger, a$ は便利なものである．（12）式から

$$\left.\begin{array}{l} x = \sqrt{\dfrac{\hbar}{2m\omega}}\,(a^\dagger + a) \\[2ex] p_x = -i\hbar\dfrac{d}{dx} = i\sqrt{\dfrac{m\omega\hbar}{2}}\,(a^\dagger - a) \end{array}\right\} \tag{21}$$

が得られるから，いろいろな物理量はすべて a と $a^\dagger$ とで表せることになる．

　調和振動子が §1.1 に出てきた電磁波の 1 つのモードの場合には，n は光子の数と解釈され，$a^\dagger$ は光子を 1 個つくる**生成演算子**，a は光子を 1 個消す**消滅演算子**になる．$a^\dagger a$ は，そのモードに対応する光子の個数 n を与える

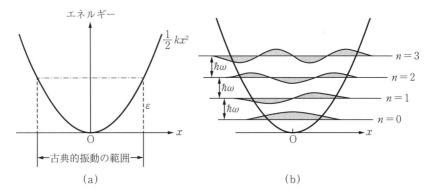

(a)　　　　　　　　　　　　　　　(b)

3-8図　エネルギー ε の古典的振動の範囲は図 (a) のようになるが，量子論では各エネルギー準位（横線）に対応する波動関数は図 (b) のように両側に少しずつしみ出すので，古典的には行けないはずのところに粒子を見出すこともある．

数の演算子である.

$n = 0$ の基底状態でも $\varepsilon_0 = (1/2)\hbar\omega$ の零点振動のエネルギーが存在するが,放射の場合には,これはないものとして考えることになっている.

§3.5 水素原子

水素原子は,中心に陽子があって,その周囲を 1 個の電子が運動している系であることはすでに述べた.陽子はほとんど不動なのでこれを原点にとり,電気量が $+e$ の点電荷であると考えて,それから $r = \sqrt{x^2 + y^2 + z^2}$ の距離に電子(質量 m_e,電荷 $-e$)がきたときの位置エネルギーは

$$V = -\frac{e^2}{4\pi\epsilon_0 r}$$

で与えられるから,電子に対するシュレーディンガー方程式は

$$\left\{-\frac{\hbar^2}{2m_e}\left(\frac{\partial^2}{\partial x^2} + \frac{\partial^2}{\partial y^2} + \frac{\partial^2}{\partial z^2}\right) - \frac{e^2}{4\pi\epsilon_0 r}\right\}\varphi(x, y, z) = \varepsilon\varphi(x, y, z) \quad (1)$$

と表される.

この場合のように,ポテンシャル V が r だけの関数であるときには,$r =$ 一定 の球面が等ポテンシャル面であるから,それに沿って粒子が動いても力は仕事をしない.したがって,力は常に原点を中心とする球面に垂直である.いいかえれば,力の方向は原点と粒子とを結ぶ直線と一致する**中心力**である.古典力学で中心力の場合には面積速度が一定で,力の中心を含む一定の平面内に運動が限られることは周知のとおりである.これは,角運動量が一定である,という表し方をしても同じことである.

このように $V = V(r)$ のときには,運動エネルギーの部分をも含めた全体を極座標で表すと便利である.極座標は 3-9 図のように定められ,直角座標との関係は

$$x = r\sin\theta\cos\phi, \quad y = r\sin\theta\sin\phi, \quad z = r\cos\theta \quad (2)$$

である.変数の変域は

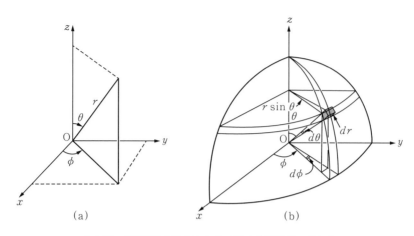

3-9図 空間極座標とそれによる微小体積要素の表し方

$$0 \leqq r \leqq \infty, \qquad 0 \leqq \theta \leqq \pi, \qquad 0 \leqq \phi \leqq 2\pi \qquad (3)$$

である. なお, 注意しなければならないのは, 微小体積を表す $dx\,dy\,dz$ の代りに

$$d\boldsymbol{r} = r^2 \sin \theta \, dr \, d\theta \, d\phi \qquad (4)$$

としなければならないことである.

$\partial/\partial x$ などの微分演算子を $\partial/\partial r, \partial/\partial \theta, \partial/\partial \phi$ で表すことは数学書にゆずり, ここでは結果だけを記すと

$$\frac{\partial^2}{\partial x^2} + \frac{\partial^2}{\partial y^2} + \frac{\partial^2}{\partial z^2} = \frac{\partial^2}{\partial r^2} + \frac{2}{r}\frac{\partial}{\partial r} + \frac{1}{r^2}\Lambda \qquad (5)$$

となることが示されている. ここに Λ は, θ と ϕ に関する

$$\Lambda = \frac{1}{\sin \theta}\frac{\partial}{\partial \theta}\left(\sin \theta \frac{\partial}{\partial \theta}\right) + \frac{1}{\sin^2 \theta}\frac{\partial^2}{\partial \phi^2} \qquad (6)$$

という演算子である. したがって, 極座標で表したシュレーディンガー方程式は

$$\left\{-\frac{\hbar^2}{2m_e}\left(\frac{\partial^2}{\partial r^2} + \frac{2}{r}\frac{\partial}{\partial r} + \frac{1}{r^2}\Lambda\right) + V(r)\right\}\varphi(r, \theta, \phi) = \varepsilon\,\varphi(r, \theta, \phi) \quad (7)$$

となる. 水素原子の場合には, $V(r) = -e^2/4\pi\epsilon_0 r$ とすればよい.

この方程式 (7) の解法を述べることは, 数学的すぎるし他への応用もあま

りないから，省略して結果だけを記すことにする．やり方は，$\varphi = R(r)Y(\theta, \phi)$ とおいて，いつものように変数分離をする．$Y(\theta, \phi)$ が従うべき方程式は

$$\Lambda Y(\theta, \phi) = [\text{定数}]Y(\theta, \phi) \tag{8}$$

であり，その解は*

$$\left.\begin{array}{l} Y_l{}^m(\theta, \phi) = (-1)^{(m+|m|)/2}\sqrt{\dfrac{2l+1}{4\pi}\dfrac{(l-|m|)!}{(l+|m|)!}}\, P_l^{|m|}(\cos\theta)\mathrm{e}^{im\phi} \\[2mm] \left(\begin{array}{l} l = 0, 1, 2, \cdots \\ m = -l, -l+1, -l+2, \cdots, l-1, l \end{array}\right) \end{array}\right\} \tag{9}$$

で定義される**球面調和関数**である．ただし，

$$P_l^0(\zeta) \equiv P_l(\zeta) \equiv \frac{1}{2^l l!}\frac{d^l}{d\zeta^l}(\zeta^2-1)^l \tag{10a}$$

は**ルジャンドルの多項式**，

$$P_l^{|m|}(\zeta) = (1-\zeta^2)^{|m|/2}\frac{d^{|m|}}{d\zeta^{|m|}}P_l(\zeta) \tag{10b}$$

は**ルジャンドルの同伴関数**とよばれるものである．$Y_l{}^m(\theta, \phi)$ を固有関数とする演算子 Λ の固有値は $-l(l+1)$ である．

$$\Lambda Y_l{}^m(\theta, \phi) = -l(l+1)Y_l{}^m(\theta, \phi) \tag{11}$$

$Y_l{}^m(\theta, \phi)$ のいくつかを示しておく．

$l = 0: \ Y_0{}^0 = \dfrac{1}{\sqrt{4\pi}}$

$l = 1: \ Y_1{}^0 = \sqrt{\dfrac{3}{4\pi}}\cos\theta, \qquad Y_1{}^{\pm1} = \mp\sqrt{\dfrac{3}{8\pi}}\sin\theta\,\mathrm{e}^{\pm i\phi}$

$l = 2: \ Y_2{}^0 = \sqrt{\dfrac{5}{16\pi}}(3\cos^2\theta - 1), \qquad Y_2{}^{\pm1} = \mp\sqrt{\dfrac{15}{8\pi}}\sin\theta\cos\theta\,\mathrm{e}^{\pm i\phi}$

$\qquad Y_2{}^{\pm2} = \sqrt{\dfrac{15}{32\pi}}\sin^2\theta\,\mathrm{e}^{\pm 2i\phi}$

$\cdots\cdots$

$Y_l{}^m(\theta, \phi)$ は，次の関係を満たす正規直交関数系をつくる．

---

* $Y_{lm}(\theta, \phi)$ と書くことも多い．m を電子の質量 m_e と混同しないように．

$$\iint Y_l{}^m(\theta,\phi)^* Y_{l'}{}^{m'}(\theta,\phi)\sin\theta\,d\theta\,d\phi = \begin{cases} 1 & (l=l',\, m=m'\ \text{のとき}) \\ 0 & (\text{上記以外のとき (直交)}) \end{cases}$$

$$(12)$$

　この $Y_l{}^m(\theta,\phi)$ を用いて $\varphi = R(r)Y_l{}^m(\theta,\phi)$ と表し，これを (7) 式に代入して (11) 式を使えば，$R(r)$ に対する方程式として

$$\left[-\frac{\hbar^2}{2m_e}\left\{\frac{d^2}{dr^2}+\frac{2}{r}\frac{d}{dr}-\frac{l(l+1)}{r^2}\right\}+V(r)\right]R(r)=\varepsilon R(r) \quad (13)$$

が得られる．r は原点から粒子までの距離であるから，この式は，粒子が原点から遠ざかったり近づいたりする運動に対するシュレーディンガー方程式だと思えばよい．$l=0,1,2,\cdots$ のおのおのについてこの方程式を解き，原点 $r=0$ で発散せず，$r\to\infty$ で0になるようなものを求める．そのような解が存在するのは，ε が特定の値をとるときだけである．各 l ごとにそのような ε の低い方から順に番号をつけて ε_{nl} と記し，それに対応する解を $R_{nl}(r)$ と書くことにする．ただし，$R_{nl}(r)$ は

$$\int_0^\infty |R_{nl}(r)|^2\,r^2\,dr = 1$$

のように規格化する．* 　$Y_l{}^m(\theta,\phi)$ はポテンシャル $V(r)$ の形に無関係であるが，$R_{nl}(r)$ と ε_{nl} は $V(r)$ によって異なるものになる．

　水素 H やヘリウムイオン He$^+$ などのように，原点にある原子番号 Z，電荷 Ze の核のまわりを運動する電子（電荷 $-e$）の場合には $V(r)=-Ze^2/4\pi\epsilon_0 r$ であるが，この場合には番号 n を，$l=0$ のときには $1,2,3,\cdots$，$l=1$ のときには $2,3,4,\cdots$ というように $l+1$ からはじめると都合がよい．というのは，そうすると ε_{nl} は l には関係せずに n だけできまる値 —— ボーアの理論による §1.3 (8) 式と同じである ——

$$\varepsilon_{nl}=\varepsilon_n=-\frac{m_e Z^2 e^4}{(4\pi\epsilon_0)^2\cdot 2\hbar^2}\frac{1}{n^2} \tag{14}$$

になるからである．一般の $V(r)$ では ε_{nl} は n と l の両方に関係するので，

---

*　dr の前の r^2，(12) 式の $\sin\theta$ は，(4) 式によって必要となる因子である．

上のような番号のつけ方はしないことがある.

固有関数 $R_{nl}(r)$ は水素様原子でも n と l の両方に関係している. なお, l は数値 $0, 1, 2, 3, \cdots$ でなく, 記号 s, p, d, f, g, $\cdots$ で表す習慣になっている. たとえば, 3p というのは $n = 3, l = 1$ の意味である. n は**主量子数**, l は **方位量子数**, (9) 式の m は**磁気量子数**とよばれる. R_{nl} の具体的な形は

$$R_{1s}(r) = \left(\frac{Z}{a_0}\right)^{3/2} 2 \exp\left(-\frac{Zr}{a_0}\right)$$

$$R_{2s}(r) = \left(\frac{Z}{a_0}\right)^{3/2} \frac{1}{\sqrt{2}}\left(1 - \frac{Zr}{2a_0}\right) \exp\left(-\frac{Zr}{2a_0}\right)$$

$$R_{2p}(r) = \left(\frac{Z}{a_0}\right)^{3/2} \frac{1}{2\sqrt{6}} \frac{Zr}{a_0} \exp\left(-\frac{Zr}{2a_0}\right)$$

$$R_{3s}(r) = \left(\frac{Z}{a_0}\right)^{3/2} \frac{2}{3\sqrt{3}}\left\{1 - \frac{2Zr}{3a_0} + \frac{2}{27}\left(\frac{Zr}{a_0}\right)^2\right\} \exp\left(-\frac{Zr}{3a_0}\right)$$

$$R_{3p}(r) = \left(\frac{Z}{a_0}\right)^{3/2} \frac{8Zr}{27\sqrt{6}\,a_0}\left(1 - \frac{Zr}{6a_0}\right) \exp\left(-\frac{Zr}{3a_0}\right)$$

$$R_{3d}(r) = \left(\frac{Z}{a_0}\right)^{3/2} \frac{4}{81\sqrt{30}}\left(\frac{Zr}{a_0}\right)^2 \exp\left(-\frac{Zr}{3a_0}\right)$$

$$\cdots\cdots$$

であり, $rR_{nl}(r)$ とその 2 乗を図示すれば 3-10 図, 3-11 図のようになる. なお, a_0 は

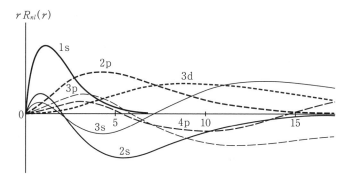

3-10 図　水素原子における $rR_{nl}(r)$ と r の関係. 横軸 r の目盛の 単位はボーア半径 a_0.

$$a_0 = \frac{4\pi\epsilon_0 \hbar^2}{m_e e^2}$$

$$= 5.292 \times 10^{-11}\,\mathrm{m}$$

$$(15)$$

で与えられる**ボーア半径**である．これは前期量子論§1.3で選び出される最小の軌道半径（13 ページの (5) 式で $n = 1$ としたもの）に等しい．

これらの式やグラフから3次元の定常波を想像することはあまり容易でないかも知れない．$l = 0$ の s 状態は φ_{ns} が θ, ϕ によらない r だけの関数で，1s は $r = 0$ から次第に外へ行くほど小さくなっていく単調減少関数であるが，

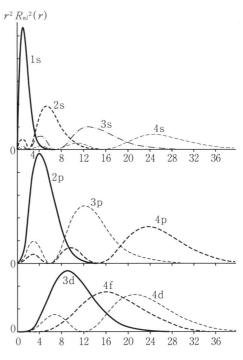

3-11 図　水素原子における $r^2 R_{nl}{}^2(r)$ と r の関係．r の目盛りの単位はボーア半径 a_0.

2s になると $r = 2a_0/Z$ のところに $\varphi_{2s} = 0$ になる節面がある．3s, 4s, … と節球面の数は1つずつ増していく．$l \neq 0$ になると，球面以外の節面がいろいろ存在する．$R_{2p}Y_1{}^0$ では xy 面 $(\theta = \pi/2)$ が節面であり，$R_{2p}Y_1{}^{\pm 1}$ は z 軸上で 0 になる．これらを直観的に見るために，電子の存在確率 $|\varphi_{nlm}|^2$ に比例した電荷雲で描くことが多い．3-12 図に例を示す．

以上をまとめると，原子番号 $Z = 1$ の場合として，

水素原子（内の電子）の波動関数は

$$\varphi_{nlm}(r, \theta, \phi) = R_{nl}(r)\,Y_l{}^m(\theta, \phi) \qquad (16)$$

のように表され，そのエネルギー固有値は n だけできまる値

$$\varepsilon_n = -\frac{m_e e^4}{(4\pi\epsilon_0)^2 \cdot 2\hbar^2}\frac{1}{n^2}$$

$$(17)$$

で与えられる. 角部分の関数 $Y_l{}^m(\theta,\phi)$ は

$$\Lambda Y_l{}^m(\theta,\phi)$$
$$= -l(l+1)Y_l{}^m(\theta,\phi)$$

$$\begin{pmatrix} l = 0,1,2,\cdots \\ m = l, l-1, l-2, \cdots, -l \end{pmatrix}$$

を満たす.

シュレーディンガーは，ボーアが古典力学に量子条件を付加して導き出した（14）式の関係を，物質波の定常波をきめるシュレーディンガー方程式 $H\varphi = \varepsilon\varphi$ の固

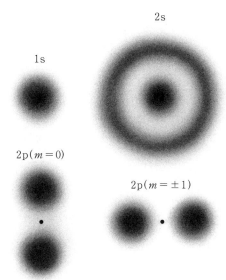

3-12図　水素原子の軌道の電荷雲の例. これらを z 軸（上下）のまわりで回転したものが $|\varphi_{nlm}|^2$ を表す.

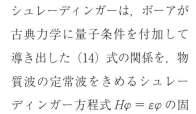

有値 ε として，全く自然に求めることに成功した. これは彼の方程式の正しさを立証するとともに，木に竹をつないだような前期量子論を脱却して，全く新しい見地に立った波動力学を建設するのに成功したことを示すものであった.

[例題1]　$R(r) = e^{-\alpha r}$ は $l = 0, V(r) = -e^2/4\pi\epsilon_0 r$ の場合の（13）式の解になることを示し，そのときの α をきめ，固有値 ε を求めよ.

[解]　（13）式で $l = 0, V(r) = -e^2/4\pi\epsilon_0 r$ としたものに $R(r) = e^{-\alpha r}$ を代入すると

$$\left\{-\frac{\hbar^2}{2m_e}\left(\alpha^2 - \frac{2\alpha}{r}\right) - \frac{e^2}{4\pi\epsilon_0 r}\right\}e^{-\alpha r} = \varepsilon e^{-\alpha r}$$

であるから，左辺の{ }内の r^{-1} に比例する項が消えるような α を選べばよい. それには

$$\frac{\hbar^2}{2m_e} \times 2\alpha = \frac{e^2}{4\pi\epsilon_0} \quad \text{より} \quad \alpha = \frac{m_e e^2}{4\pi\epsilon_0\,\hbar^2} = \frac{1}{a_0}$$

とすればよい. このとき, 上式の両辺を比較すれば

$$\varepsilon = -\frac{\hbar^2}{2m_e}\alpha^2 = -\frac{m_e e^4}{(4\pi\epsilon_0)^2 \cdot 2\hbar^2}$$

となるから, これは (14) 式で $n = 1$ とした場合である. $l = 0$ としたから, これは 1s の場合である. $l = 0$ のときには m は 0 だけに限られ, $Y_0^0(\theta, \phi) = 1/\sqrt{4\pi}$ なので, $\varphi_{1\mathrm{s}}(r, \theta, \phi) = R_{1\mathrm{s}}(r)\, Y_0^0(\theta, \phi)$ を規格化するには,

$$1 = \iiint |\varphi_{1\mathrm{s}}|^2 r^2\, dr \sin\theta\, d\theta\, d\phi = \int_0^\infty r^2 R_{1\mathrm{s}}^2(r)\, dr \iint \frac{1}{4\pi} \sin\theta\, d\theta\, d\phi$$

$$= \int_0^\infty r^2 R_{1\mathrm{s}}^2(r)\, dr$$

のようにすればよい. $\exp(-\alpha r) = \exp(-r/a_0)$ の 2 乗は $\exp(-2r/a_0)$ で,

$$\int_0^\infty r^2 \exp\left(-\frac{2r}{a_0}\right) dr = \frac{a_0^3}{4}$$

となることは容易にわかるから

$$R_{1\mathrm{s}}(r) = \sqrt{\frac{4}{a_0^3}} \exp\left(-\frac{r}{a_0}\right)$$

とすれば規格化されていることになる. ✎

[**例題 2**] 水素原子の各エネルギー準位 ε_n は, 何重に縮退していることになるか.

[**解**] $n \geqq l + 1$ であるから, 各 n に対して許される l の値は次表のようになる.

ところが, 各 l に対して m の値は $l, l-1, \cdots, -l$ の $2l+1$ 個が許されるから, 1 つの n に対して可能な l, m の総数は

$$\sum_{l=0}^{n-1} (2l+1) = n^2$$

である. ✎

n	l
1	0
2	0, 1
3	0, 1, 2
4	0, 1, 2, 3
...	......

固有値と期待値

いままでで波動関数のいく種類かとなじみになったと思うので，それらを具体例として用いながら，量子論の内容にさらに踏み込んでみることにする．物理量を演算子で表すこと，それを用いて波動関数からどのような知識が得られるかなど，量子力学の基礎的な骨組である．非定常状態の例として，波束についても考察する．

§4.1 物理量の固有値

§2.5 で，粒子の波動関数 $\psi(\boldsymbol{r}, t)$ がわかっているときに，x, y, z の関数として与えられるような物理量 $F(x, y, z)$ の期待値が

$$\langle F \rangle = \iiint \psi^*(\boldsymbol{r}, t) F(\boldsymbol{r}) \psi(\boldsymbol{r}, t) \, d\boldsymbol{r} \tag{1}$$

で計算されることを知った（§2.5 (3) 式，44ページ）．その後の §2.5 (9) 式（47ページ）は運動量の期待値が

$$\langle p_x \rangle = m \frac{d}{dt} \langle x \rangle = \iiint \psi^*(\boldsymbol{r}, t) \left(-i\hbar \frac{\partial}{\partial x} \right) \psi(\boldsymbol{r}, t) \, d\boldsymbol{r} \tag{2}$$

で求められることを示している．

一般の物理量は，粒子の座標と運動量の両方に関係している．たとえば，エネルギーは $\boldsymbol{p}^2/2m + V(\boldsymbol{r})$ で与えられる．シュレーディンガー方程式をつくるときには，この $\boldsymbol{p}$ を演算子 $-i\hbar\nabla$ で置き換えたのであった．そこで，量子論ではいつでも

> 物理量 $F(x, y, z, p_x, p_y, p_z)$ は演算子 $F\left(x, y, z, -i\hbar\dfrac{\partial}{\partial x}, -i\hbar\dfrac{\partial}{\partial y}, -i\hbar\dfrac{\partial}{\partial z}\right)$ で表される

と考えるのがはなはだもっともらしい．たとえば，原点に関する粒子の**角運動量**は，運動量のモーメント $\boldsymbol{r} \times \boldsymbol{p}$ として定義される量であるが，量子論では演算子

$$\boldsymbol{l} = -i\hbar \boldsymbol{r} \times \nabla \tag{3}$$

で表されると考えるのである．(3) 式のベクトル積を成分に分けて書けば

$$
\begin{cases}
l_x = -i\hbar\left(y\dfrac{\partial}{\partial z} - z\dfrac{\partial}{\partial y}\right) & \text{(3a)} \\[2ex]
l_y = -i\hbar\left(z\dfrac{\partial}{\partial x} - x\dfrac{\partial}{\partial z}\right) & \text{(3b)} \\[2ex]
l_z = -i\hbar\left(x\dfrac{\partial}{\partial y} - y\dfrac{\partial}{\partial x}\right) & \text{(3c)}
\end{cases}
$$

となる．

　さて，量子論では物理量が演算子 $F(\boldsymbol{r}, -i\hbar\nabla)$ で表されるとするのであるから，これだけとってもその値がいくらであるということは意味がない．考え方として，まずこれこれの量を求めよう，と思ったならば，上の手続きに従って演算子 $F(\boldsymbol{r}, -i\hbar\nabla)$ をつくる．次に，その量を測るべき相手の粒子（もっと一般には力学系）を考え，その粒子について，この F という量を求めたらどういう値が得られるだろうか，と考えるわけである．ところで，粒子の運動状態はその波動関数 $\psi(\boldsymbol{r}, t)$ によって与えられる．F は演算子であるから，何か相手となる関数を見つけて，これに計算を施す命令手順を示すものである．したがって，その相手は波動関数 $\psi(\boldsymbol{r}, t)$ であると考えるのが自然である．ここで，(1), (2) 式を考え合わせるならば，

> 物理量 F を，波動関数 $\psi(\boldsymbol{r}, t)$ で表される運動を行っている粒子について測定したときの期待値は，一般に

$$\langle F \rangle = \iiint \psi^*(\boldsymbol{r}, t) F(\boldsymbol{r}, -i\hbar \nabla) \psi(\boldsymbol{r}, t)\, d\boldsymbol{r} \qquad (4)$$

で与えられる

とするのが一番もっともらしい．そこで，これを量子論の基本原理とみなすことにする．

さて，(4) 式は期待値を与えるものであるから，実際に測定したときの値が必ずこの $\langle F \rangle$ になるとは限らない．これより大きい値を得ることもあれば，これより小さい値を得ることもある．同じ測定を多数回行ったとしたときの平均値が，この $\langle F \rangle$ なのである．§2.5 でも述べたように，ある量 F が値 $f_1, f_2, f_3, \cdots$ をとる確率が $p_1, p_2, p_3, \cdots$ で与えられるとき $\left(\sum_n p_n = 1 とする\right)$

$$\langle F \rangle = \sum_n f_n p_n \qquad (5)$$

なのであるが，この公式を §2.5 とは異なるやり方で使うことを考えてみよう．

例として §3.1，§3.2 で考えた箱の中の粒子の運動を考えてみよう．まず §3.1 で扱った場合を見ると，$X(x), Y(y), Z(z)$ はそれぞれ x, y, z 方向の等速往復運動を表す．古典力学のときと違うのは，いまどちら向きに動いているとか，いつ壁に当たってはね返ったとか，という細かいことが一切わからない点である．この粒子について，x 方向の運動量を測定したら期待値はどうなるだろうか．この場合，$F = p_x$ であるから，これを演算子 $-i\hbar(\partial/\partial x)$ で置き換えると

$$\begin{aligned}
\langle p_x \rangle &= \iiint \psi^*(\boldsymbol{r}, t)\left(-i\hbar \frac{\partial}{\partial x}\right)\psi(\boldsymbol{r}, t)\, d\boldsymbol{r} \\
&= \iiint \varphi^*(\boldsymbol{r})\left(-i\hbar \frac{\partial}{\partial x}\right)\varphi(\boldsymbol{r})\, d\boldsymbol{r} \\
&= \int_0^l X^*(x)\left(-i\hbar \frac{d}{dx}\right)X(x)\, dx \int_0^a |Y(y)|^2\, dy \int_0^b |Z(z)|^2\, dz \\
&= \int_0^l X^*(x)\left(-i\hbar \frac{dX(x)}{dx}\right) dx
\end{aligned}$$

となる．

往復運動では

$$X(x) = \sqrt{\frac{2}{l}} \sin k_x x$$

なので

$$-i\hbar \frac{dX(x)}{dx} = -i\hbar k_x \sqrt{\frac{2}{l}} \cos k_x x$$

となり，これに $X^*(x)$ を掛けて積分したものは 0 になってしまう．

$$\langle p_x \rangle = 0$$

これは，粒子が往復しているということを考えれば当然の結果であるといえよう．

次に，§3.2 で扱った場合を考えてみよう．$X(x)$ として進行波（時間因子 $e^{-i\omega t}$ を省いてある）をとると

$$X(x) = \frac{1}{\sqrt{l}} \exp{(\pm ik_x x)}$$

であるから，前と同様の計算をすると

$$-i\hbar \frac{dX(x)}{dx} = -i\hbar \frac{d}{dx} \frac{1}{\sqrt{l}} \exp{(\pm ik_x x)}$$

$$= \pm \hbar k_x \frac{1}{\sqrt{l}} \exp{(\pm ik_x x)} = \pm \hbar k_x X(x) \qquad (6)$$

となるので，

$$\langle p_x \rangle = \pm \hbar k_x \int_0^l X^*(x)\, X(x)\, dx = \pm \hbar k_x$$

を得る．したがって，関数 $\exp{(\pm ik_x x)}$ で表される運動をしている粒子の p_x の期待値は，それぞれ $\hbar k_x$ および $-\hbar k_x$ に等しい．

期待値が $\hbar k_x$（あるいは $-\hbar k_x$）であるということは，必ずしも結果がいつも $\hbar k_x$（または $-\hbar k_x$）であるということではなく，平均値がそうなるということなのであるが，果していまの場合にどうであろうか．古典力学的に考えると，管の中の粒子の x 方向の運動は等速度であって，遅くなったり速くなったり，壁ではね返って符号が逆転したりすることはない．量子論でもそう

なっていると考えてよさそうである. 事実, p_x と $\hbar k_x$ の差の 2 乗の期待値を求めてみると,

$$\langle (p_x - \hbar k_x)^2 \rangle = \int_0^l X^*(x)\,(p_x - \hbar k_x)^2 X(x)\,dx$$
$$= \frac{\hbar^2}{l} \int_0^l e^{-ik_x x}\left(-\frac{d^2}{dx^2} + 2ik_x\frac{d}{dx} + k_x^2\right)e^{ik_x x}\,dx$$
$$= 0$$

となるから, 多数回測定をやっても毎回 $p_x - \hbar k_x$ の測定値が 0 になることがわかる. もし, $p_x - \hbar k_x$ の測定結果が 0 の前後のさまざまな値をとり, 単にその平均が 0 になるというのであったならば, $(p_x - \hbar k_x)^2$ の値は $\geqq 0$ なのであるから, その平均は正の有限値になるはずだからである.

このように 2 乗の平均値が 0 になったのは, 上の式で関数 $X(x)$ が $-i\hbar\{dX(x)/dx\} = \hbar k_x X(x)$ という関係を満たしていたからである.

一般に, 関数 $\varphi(\boldsymbol{r})$ と演算子 F とがあって,

$$F\varphi(\boldsymbol{r}) = f\varphi(\boldsymbol{r}) \qquad (f\text{ は数})$$

という関係があるときには

$$\int \varphi^*(\boldsymbol{r})\,(F - f)^n \varphi(\boldsymbol{r})\,d\boldsymbol{r} = 0 \qquad (n = 1, 2, 3, \cdots)$$

となることはすぐわかるであろう.* ゆえに, 量子論の基本原理として

物理量 $F(\boldsymbol{r}, \boldsymbol{p})$ を表す量子論的演算子 $F(\boldsymbol{r}, -i\hbar\nabla)$ に対して

$$F(\boldsymbol{r}, -i\hbar\nabla)\varphi_j(\boldsymbol{r}) = f_j\varphi_j(\boldsymbol{r}) \qquad (f_j\text{ は数}) \tag{7}$$

を満たす関数 $\varphi_j(\boldsymbol{r})$ で表される運動を行っている粒子があったとすると, その粒子について量 F を測定すれば, いつでも値 f_j が得られる

という前提をおく. (6) 式は (7) 式の特別な場合である. また, 時間を含まないシュレーディンガー方程式 $H\varphi_n = \varepsilon_n\varphi_n$ は, やはり (7) 式の 1 つの場合

---

* $(F - f)^n = (F - f)\cdots(F - f)$ であるが, $(F - f)\varphi = 0$ であるから, これにさらに何回 $(F - f)$ を作用させても 0 である. なお, 簡単のため, 以下では積分記号を三重にするのをやめることにする.

である. この場合はエネルギーという量を表す演算子がハミルトニアン H であり, φ_n で表される運動状態でエネルギーを測定すると, いつでも確定値 ε_n が得られるというのである. H のときに限らず, 一般に (7) 式を満たす関数 φ_j を演算子 F の固有関数, f_j をその固有値とよぶ. あるいは, $\varphi_j(\boldsymbol{r})$ で表される量子論的運動状態は, 物理量 F の固有状態である, などと表現することもある.

角運動量の演算子 (3), (3a) ～ (3c) 式を極座標に直すと,

$$l_x{}^2 + l_y{}^2 + l_z{}^2 = -\hbar^2 \Lambda \tag{8a}$$

$$l_z = -i\hbar \frac{\partial}{\partial \phi} \tag{8b}$$

と書けることが知られている. ただし, Λ は§3.5 (6) 式 (80 ページ) で定義された θ と ϕ に関する演算子である. 中心力場における粒子の状態を表す関数 $\varphi_{nlm}(r, \theta, \phi) = R_{nl}(r) Y_l{}^m(\theta, \phi)$ は, 角運動量の大きさの 2 乗および z 成分の固有状態になっていることを見てみよう.

計算してみればわかることであるが, l_x, l_y, l_z はすべて θ と ϕ にだけ関係した演算子であって, 変数 r には関係がない. したがって, $\varphi_{nlm}(r, \theta, \phi) = R_{nl}(r) Y_l{}^m(\theta, \phi)$ に施したときには, $Y_l{}^m(\theta, \phi)$ にだけ作用する.

$$-\hbar^2 \Lambda \varphi_{nlm}(\boldsymbol{r}) = -\hbar^2 R_{nl}(r) \Lambda Y_l{}^m(\theta, \phi)$$
$$= \hbar^2 l(l+1) \varphi_{nlm}(\boldsymbol{r})$$

同様に, $l_z = -i\hbar(\partial/\partial\phi)$ は $Y_l{}^m(\theta, \phi)$ の $\mathrm{e}^{im\phi}$ に作用して, これを $m\hbar\mathrm{e}^{im\phi}$ に変えるから

$$l_z \varphi_{nlm}(\boldsymbol{r}) = R_{nl}(r)\left\{-i\hbar \frac{\partial}{\partial\phi} Y_l{}^m(\theta, \phi)\right\}$$
$$= m\hbar \varphi_{nlm}(\boldsymbol{r})$$

ということになる. ゆえに, 次の重要な結果が得られた.

$\varphi_{nlm}(\boldsymbol{r}) = R_{nl}(r) Y_l{}^m(\theta, \phi)$ で表される状態は, $\boldsymbol{l}^2$ および l_z の固有状態であって, その固有値はそれぞれ $\hbar^2 l(l+1)$ および $m\hbar$ である.

§4.2 物理量の期待値

前節の末では，中心力場内の粒子の定常状態の波動関数 $\varphi_{nlm}(\boldsymbol{r}) = R_{nl}(r)Y_l^m(\theta, \phi)$ は，ハミルトニアン H の固有状態であると同時に，$\boldsymbol{l}^2$ と l_z の固有状態にもなっていることを知った．

$$H\varphi_{nlm} = \varepsilon_{nl}\varphi_{nlm}, \qquad \boldsymbol{l}^2\varphi_{nlm} = \hbar^2 l(l+1)\varphi_{nlm}, \qquad l_z\varphi_{nlm} = m\hbar\varphi_{nlm}$$

このことは，$\varphi_{nlm}(\boldsymbol{r})$ で表されるような運動をしている粒子についてエネルギーを測れば常に一定値 ε_{nl} を，角運動量の大きさの2乗を測定すればいつも一定値 $\hbar^2 l(l+1)$ を，角運動量の z 成分を観測すれば必ず $m\hbar$ という値を，得ることを意味している．しかし，波動関数がどんな物理量に対してもその固有関数になっているとは限らないのであって，たとえば上の $\varphi_{nlm}(\boldsymbol{r})$ に，演算子の l_x や l_y を作用させたり，$-i\hbar(\partial/\partial x)$ を施すと別の関数になってしまう．このことは，角運動量の z 成分が確定しているようなときに他の成分を測ると結果はまちまちであり，中心力場でぐるぐる回っている電子の運動量の測定結果もいろいろになりうることを示している．以上のことは，$\varphi_{nlm}(\boldsymbol{r})$ に $\exp(-i\varepsilon_{nl}t/\hbar)$ を掛けて $\psi_{nlm}(\boldsymbol{r}, t)$ にしても同じである．

読者は z 方向だけが特別になっている点を奇異に思われるかもしれない．実は，n と l が同じ状態は $2l+1$ 重に縮退しているので，たとえばエネルギー値だけ確かめても状態は一義的には定まらないのである．これは§3.2で $\sin kx, \cos kx$ をとるか $\exp(\pm ikx)$ をとるか不定であるとしたのと同じことである．そこで，エネルギー以外の他の量として，たとえば l_z の測定をも行ったとすると，エネルギーが ε_{nl} で l_z が $m\hbar$ の状態として $R_{nl}Y_l^m$ がきまる．これらを求めた上でさらに l_x や l_y をも測ろうとすると，もはや結果は確定しなくなる，というのである．はじめに，エネルギーの他に l_x の測定も行ったとすると，H と l_x の同時固有状態が得られるが，そうすると，今度は l_y や l_z の測定結果がまちまちになるのである．

話を少し一般的にして，時間的に変化する非定常の場合 —— たとえば変形しながら移動する波束 —— をも含ませることにして，波動関数 $\psi(\boldsymbol{r}, t)$ で表

される運動状態にある粒子を考える．この粒子について，演算子 F で表される物理量の測定をしたらどうなるかを問題にしよう．まず，F の固有関数 $\chi_1(\boldsymbol{r}), \chi_2(\boldsymbol{r}), \cdots$ と固有値 $f_1, f_2, \cdots$ が求められたとする．

$$F\chi_1(\boldsymbol{r}) = f_1\chi_1(\boldsymbol{r}), \qquad F\chi_2(\boldsymbol{r}) = f_2\chi_2(\boldsymbol{r}), \qquad \cdots \qquad (1)$$

ディラックによれば，F が観測可能な物理量ならば，それの固有関数 χ_1, $\chi_2, \cdots$ は完全直交関数系をつくり，任意の波動関数 $\phi(\boldsymbol{r}, t)$ はこれで展開できるはずである．

$$\phi(\boldsymbol{r}, t) = c_1\chi_1(\boldsymbol{r}) + c_2\chi_2(\boldsymbol{r}) + \cdots = \sum_n c_n\chi_n(\boldsymbol{r}) \qquad (2)$$

ここに係数 $c_1, c_2, \cdots$ は一般には複素数で，時間 t の関数である．また，F が角運動量関係の量だと $\chi_1, \chi_2, \cdots$ は θ と ϕ だけの関数 $Y_l{}^m(\theta, \phi)$ であるから，$\phi(r, \theta, \phi, t)$ を $Y_l{}^m(\theta, \phi)$ で展開すると係数は r と t の関数になる．F が $p_x = -i\hbar(\partial/\partial x)$ であると $\chi_1, \chi_2, \cdots$ は $\exp(ik_x x)$ になるから，$\phi(x, y, z, t)$ を x だけが変数であるかのように考えてフーリエ級数に展開することになるので，係数は y, z, t の関数になる．そういう場合には (2) 式の代りに

$$\phi(\boldsymbol{r}, t) = c_1(\boldsymbol{q}', t)\chi_1(\boldsymbol{q}) + c_2(\boldsymbol{q}', t)\chi_2(\boldsymbol{q}) + \cdots \qquad (2)'$$

と書けばよい．$\boldsymbol{q}$ と $\boldsymbol{q}'$ は上の例では θ, ϕ と r，あるいは x と y, z である．

さて，(2) 式または (2)' 式の $\phi(\boldsymbol{r}, t)$ で表される系で物理量 F を測ったとしたときの測定値はどうなるであろうか．(2) 式または (2)' 式の右辺がただ 1 項（たとえば，第 n 項）しかなければ，ϕ は χ_n に比例するから，$F\phi = c_n F\chi_n = c_n f_n \chi_n = f_n \phi$ となり，いつも一定値 f_n が得られることになる（固有状態）．しかし，2 項以上あるとそうはならない．f_1 を得ることもあろうし，f_2 を得ることもある，$\cdots$ というようにいろいろな結果が起こりうる．そして，その期待値が

$$\langle F \rangle = \int \phi^*(\boldsymbol{r}, t) F \phi(\boldsymbol{r}, t)\, d\boldsymbol{r} \qquad (3)$$

で与えられるというのが，先に得られた推論である．いま，この (3) 式に (2) 式を代入してみるとしよう．

$$F\psi = F\sum_n c_n \chi_n = \sum_n c_n F\chi_n = \sum_n c_n f_n \chi_n$$

であるから，これと (2) 式の複素共役とを (3) 式に入れると

$$\langle F \rangle = \int \psi^* F\psi \, d\boldsymbol{r}$$

$$= \int \sum_m c_m^* \chi_m^*(\boldsymbol{r}) \sum_n c_n f_n \chi_n(\boldsymbol{r}) \, d\boldsymbol{r}$$

$$= \sum_m \sum_n c_m^* c_n f_n \int \chi_m^*(\boldsymbol{r}) \chi_n(\boldsymbol{r}) \, d\boldsymbol{r}$$

となるが，$\chi_1, \chi_2, \cdots$ は規格化された直交関数系であるから，最後の積分は $m = n$ のとき 1 で，$m \neq n$ ならば 0 である．ゆえに，m と n の二重和は一重和になって

$$\langle F \rangle = \sum_n |c_n|^2 f_n \tag{4}$$

が得られる．

　他方，上の計算で F がただの数 1 である場合を考えてみればすぐわかるように，規格化された ψ に対しては

$$1 = \int \psi^*(\boldsymbol{r}, t)\psi(\boldsymbol{r}, t) \, d\boldsymbol{r} = \sum_n |c_n|^2 \tag{5}$$

である．この (5) 式と (4) 式とを比較し F を測定すると，$f_1, f_2, \cdots$ というさまざまな測定値を得る可能性が存在して，しかもその期待値が (4) 式で与えられるということを考えるならば，F を測定したときに値 f_n を得る確率が $|c_n|^2$ である，ということが容易にわかるであろう．すなわち，前節の (5) 式（89 ページ）の p_n が $|c_n|^2$ なのである．ゆえに，

波動関数 $\psi(\boldsymbol{r}, t)$ で表される運動状態にある粒子について物理量 F の測定を行った場合に，値 f_n を得る確率は $|c_n|^2$ で与えられる．ただし，c_n は $\psi(\boldsymbol{r}, t)$ を F の固有関数 χ_n，すなわち $F\chi_n = f_n\chi_n$ を満たす χ_n で

$$\psi(\boldsymbol{r}, t) = \sum_n c_n \chi_n(\boldsymbol{r})$$

のように展開したときの係数（t の関数）である．

(2)′ 式の場合には

$$\langle F \rangle = \iint \phi^* F \phi \, d\boldsymbol{q} \, d\boldsymbol{q}'$$

$$= \iint \sum_m c_m^*(\boldsymbol{q}', t) \chi_m^*(\boldsymbol{q}) \sum_n f_n c_n(\boldsymbol{q}', t) \chi_n(\boldsymbol{q}) \, d\boldsymbol{q} \, d\boldsymbol{q}'$$

$$= \sum_m \sum_n \int c_m^*(\boldsymbol{q}', t) c_n(\boldsymbol{q}', t) \, d\boldsymbol{q}' \cdot f_n \int \chi_m^*(\boldsymbol{q}) \chi_n(\boldsymbol{q}) \, d\boldsymbol{q}$$

$$= \sum_n f_n \int |c_n(\boldsymbol{q}', t)|^2 \, d\boldsymbol{q}'$$

となるから，F を測定して f_n を得る確率は $\int |c_n(\boldsymbol{q}', t)|^2 \, d\boldsymbol{q}'$ に等しい.

[**例題**] $\varphi(\boldsymbol{r}) = (定数) \times x\mathrm{e}^{-\beta r}$ で表される波動関数が規格化されるように定数を選び，この関数を $R(r)Y_l^m(\theta, \phi)$ の形を用いて書いたらどうなるかを調べよ. この $\varphi(\boldsymbol{r})$ で表される状態の粒子があったとして，それについて角運動量の大きさ，その z 成分，x 成分を測定したら，どのような結果が得られるか.

[**解**] $x = r \sin\theta \cos\phi$ であるから

$$\varphi(\boldsymbol{r}) = (定数) r \exp(-\beta r) \sin\theta \cos\phi$$

となる. ゆえに，規格化の条件は

$$1 = \int |\varphi(\boldsymbol{r})|^2 \, d\boldsymbol{r}$$

$$= (定数)^2 \iiint r^2 \exp(-2\beta r) \sin^2\theta \cos^2\phi \, r^2 \sin\theta \, dr \, d\theta \, d\phi$$

$$= (定数)^2 \int_0^\infty r^4 \exp(-2\beta r) \, dr \int_0^\pi \sin^3\theta \, d\theta \int_0^{2\pi} \cos^2\phi \, d\phi$$

$$= (定数)^2 \frac{4!}{(2\beta)^5} \cdot \frac{4}{3} \cdot \pi$$

であるから，

$$(定数) = \sqrt{\frac{\beta^5}{\pi}}$$

を得る. したがって

$$\varphi(r, \theta, \phi) = \sqrt{\frac{\beta^5}{\pi}} \, r \exp(-\beta r) \sin\theta \cos\phi$$

となる. ところで，$Y_l^m(\theta, \phi)$ は ϕ の関数として $\mathrm{e}^{im\phi}$ の形になっているから，$\cos\phi$ では具合がわるい. これを $\mathrm{e}^{\pm i\phi}$ の和の $1/2$ で表すべきである.

$$\varphi(r, \theta, \phi) = \frac{1}{2}\sqrt{\frac{\beta^5}{\pi}}\, r \exp{(-\beta r)}(\sin\theta\, e^{i\phi} + \sin\theta\, e^{-i\phi})$$

これを §3.5（81 ページ）の $Y_l{}^m(\theta, \phi)$ の具体的な式と比較してみると

$$Y_1{}^{\pm 1}(\theta, \phi) = \mp\sqrt{\frac{3}{8\pi}}\,\sin\theta\, e^{\pm i\phi}$$

であるから

$$\varphi(r, \theta, \phi) = \sqrt{\frac{2\beta^5}{3}}\, r \exp{(-\beta r)}\{-Y_1{}^1(\theta, \phi) + Y_1{}^{-1}(\theta, \phi)\}$$

と書くことができる．ゆえに，この粒子について l^2 を測定すれば必ず $2\hbar^2$（$l=1$ としたときの $l(l+1)\times\hbar^2$）が得られ，l_z を測定すれば，$+\hbar$ を得る確率が $\dfrac{1}{2}$，$-\hbar$ を得る確率が $\dfrac{1}{2}$ である．なぜなら

$$\int_0^\infty \left\{\sqrt{\frac{2\beta^5}{3}}\, r \exp{(-\beta r)}\right\}^2 r^2\, dr = \frac{1}{2}$$

になるからである．

l_x について調べるには

$$l_x = -i\hbar\left(y\frac{\partial}{\partial z} - z\frac{\partial}{\partial y}\right)$$

を用いた方が便利であろう．

$$l_x\,\varphi(x, y, z) = -i\hbar\sqrt{\frac{\beta^5}{\pi}}\left(y\frac{\partial}{\partial z} - z\frac{\partial}{\partial y}\right)x\exp{(-\beta r)}$$

$$= -i\hbar\sqrt{\frac{\beta^5}{\pi}}\,x\left(y\frac{\partial}{\partial z} - z\frac{\partial}{\partial y}\right)\exp{(-\beta r)}$$

であるが，$r = \sqrt{x^2 + y^2 + z^2}$ の関数に対しては

$$\frac{\partial}{\partial z}f(r) = \frac{z}{r}\frac{d}{dr}f(r), \qquad \frac{\partial}{\partial y}f(r) = \frac{y}{r}\frac{d}{dr}f(r)$$

なので，$l_x\varphi(x, y, z) = 0$ となることがわかる．ゆえに，φ は固有値 0 をもった l_x の固有関数になっていることがわかるから，l_x を測定すると常に確定値 0 が得られる．

§4.3 運動量の固有関数と不確定性原理

物理量のうちで最も重要なものの 1 つは運動量であるから，前節で考えた F として運動量をとったならばどうなるかを調べてみよう．

　運動量は $\boldsymbol{p} = -i\hbar\nabla$ というベクトル演算子で表されるから，その固有関数 $\chi(\boldsymbol{r})$ は

$$-i\hbar\nabla\chi(\boldsymbol{r}) = \hbar\boldsymbol{k}\chi(\boldsymbol{r}) \tag{1a}$$

を満たす平面波（時間因子 $\mathrm{e}^{-i\omega t}$ を省略したもの）

$$\chi(\boldsymbol{r}) \propto \mathrm{e}^{i\boldsymbol{k}\cdot\boldsymbol{r}} \tag{1b}$$

であり，固有値は $\hbar\boldsymbol{k}$ である．

　この場合に困るのは，平面波の関数を規格化する問題である．運動量が一定値をとるような運動というのは等速度運動であるから，古典力学で考えたときの軌道は直線であって，運動が一定の範囲の閉じた領域内に限定されるという性質のものではない．量子論に移っても同じことで，波動関数は一定領域にかたまっているようなものではない．そもそも，平面波では，運動量の値が確定しているので，不確定性原理によれば位置についての不確定さは ∞ のはずである．つまり，粒子がどこにいるのかさっぱり見当がつかないことになる．このことは，$\chi(\boldsymbol{r})$ の絶対値の 2 乗 $|\mathrm{e}^{i\boldsymbol{k}\cdot\boldsymbol{r}}|^2$ が $\boldsymbol{r}$ によらず一定になるということに対応している．そうすると，(1b) 式の比例定数を C とすると

$$\int_{-\infty}^{\infty}\int_{-\infty}^{\infty}\int_{-\infty}^{\infty}|\chi(\boldsymbol{r})|^2\,d\boldsymbol{r} = |C|^2\int_{-\infty}^{\infty}\int_{-\infty}^{\infty}\int_{-\infty}^{\infty}1\,d\boldsymbol{r} = |C|^2 \times \infty$$

となるから，これを 1 に等しいとおくと，C は 0 になってしまう．この困難を避ける方法はいろいろと考え出されているが，ここでは規格化することは断念して，数学でよく知られた**フーリエ変換**を借用することにしよう．それによると，x の任意の関数 $f(x)$ は

$$f(x) = \frac{1}{\sqrt{2\pi}}\int_{-\infty}^{\infty}F(k_x)\,\mathrm{e}^{ik_x x}\,dk_x \tag{2a}$$

と表すことができる．ここで $F(k_x)$ は

$$F(k_x) = \frac{1}{\sqrt{2\pi}}\int_{-\infty}^{\infty}f(x)\,\mathrm{e}^{-ik_x x}\,dx \tag{2b}$$

によって $f(x)$ から求められる関数である．この $f(x) \longleftrightarrow F(k_x)$ を**フーリ**

エ変換という. これを y と z についても行い,

$$k_x x + k_y y + k_z z = \boldsymbol{k} \cdot \boldsymbol{r}$$

と記すことにすると, 3次元のフーリエ変換

$$f(\boldsymbol{r}) = \frac{1}{\sqrt{8\pi^3}} \int F(\boldsymbol{k}) \, \mathrm{e}^{i \boldsymbol{k} \cdot \boldsymbol{r}} \, d\boldsymbol{k} \tag{3a}$$

$$F(\boldsymbol{k}) = \frac{1}{\sqrt{8\pi^3}} \int f(\boldsymbol{r}) \, \mathrm{e}^{-i \boldsymbol{k} \cdot \boldsymbol{r}} \, d\boldsymbol{r} \tag{3b}$$

となる. 積分範囲 $(-\infty, \infty)$ は省略した. これを波動関数 $\psi(\boldsymbol{r}, t)$ の $\boldsymbol{r}$ 部分に適用すると,

$$\psi(\boldsymbol{r}, t) = \frac{1}{\sqrt{8\pi^3}} \int C(\boldsymbol{k}, t) \, \mathrm{e}^{i \boldsymbol{k} \cdot \boldsymbol{r}} \, d\boldsymbol{k} \tag{4a}$$

$$C(\boldsymbol{k}, t) = \frac{1}{\sqrt{8\pi^3}} \int \psi(\boldsymbol{r}, t) \, \mathrm{e}^{-i \boldsymbol{k} \cdot \boldsymbol{r}} \, d\boldsymbol{r} \tag{4b}$$

が成り立つ. ここで,

$$\int |\psi(\boldsymbol{r}, t)|^2 \, d\boldsymbol{r} = \int |C(\boldsymbol{k}, t)|^2 \, d\boldsymbol{k} \tag{5}$$

が成り立つことも証明されている.

そこでわれわれは, (4a) 式が $\psi(\boldsymbol{r}, t) = \sum_n c_n \chi_n(\boldsymbol{r})$ に対応すると考えるのである. この (4a) 式が示すように, 運動量 $\boldsymbol{p}$ のもう一つ面倒な点は, その固有値 $\hbar \boldsymbol{k}$ がとびとびでなくて連続的に変化するベクトル値をとるということである.* そのために, 和 $\sum$ の代りに $\boldsymbol{k}$ に関する積分が現れたのである.

さて, $\psi = \sum_n c_n \chi_n$ の係数 c_n に対応するのは (4a) 式の $C(\boldsymbol{k}, t)/\sqrt{8\pi^3}$ であり, n についての和が $\boldsymbol{k}$ についての積分であるから, 前者で番号 n を指定するということは後者で $\boldsymbol{k}$ の値を指定する, ということに対応する. ψ で F を測定したときに, 値 f_n を得る確率が $|c_n|^2$ で与えられることに対応して, (4a) 式の ψ で $\boldsymbol{p}$ を測定したときに, 値 $\hbar \boldsymbol{k}$ を得る確率は $|C(\boldsymbol{k}, t)|^2$ に比例する. ただし, 連続変数の場合にはちょうど $\hbar \boldsymbol{k}$ になる確率というものは意味

---

* この2つの点は互いに関連している.

がなく，ある値 $\hbar\boldsymbol{k}$ を含む微小範囲 $\hbar^3\,d\boldsymbol{k}$ 内のどこかに見出す確率というべきである．つまり，

> 波動関数 $\psi(\boldsymbol{r}, t)$ で表される粒子について運動量を測定したときに，
>
> $$p_x\ \text{が}\ \hbar k_x\ \text{と}\ \hbar(k_x + dk_x)\ \text{の間}$$
> $$p_y\ \text{が}\ \hbar k_y\ \text{と}\ \hbar(k_y + dk_y)\ \text{の間}$$
> $$p_z\ \text{が}\ \hbar k_z\ \text{と}\ \hbar(k_z + dk_z)\ \text{の間}$$
>
> に見出される確率は
> $$|C(\boldsymbol{k}, t)|^2\,d\boldsymbol{k} \equiv |C(k_x, k_y, k_z, t)|^2\,dk_x\,dk_y\,dk_z \tag{6}$$
> に等しい．

この確率 (6) 式は，$\psi(\boldsymbol{r}, t)$ が規格化されていれば (5) 式により

$$\int |C(\boldsymbol{k}, t)|^2\,d\boldsymbol{k} = 1 \tag{7}$$

のように，やはり規格化された絶対確率になっている．

> **[例題 1]**　有限の長さで切れている正弦波
> $$f(x) = \begin{cases} \mathrm{e}^{i\kappa x} & (-a < x < a) \\ 0 & (x < -a,\ a < x) \end{cases}$$
> のフーリエ変換を求めよ．

[**解**]　(2b) 式に上を代入すると

$$F(k) = \frac{1}{\sqrt{2\pi}} \int_{-a}^{a} \mathrm{e}^{i\kappa x}\mathrm{e}^{-ikx}\,dx$$

$$= \frac{\mathrm{e}^{i(\kappa-k)a} - \mathrm{e}^{-i(\kappa-k)a}}{\sqrt{2\pi}\,i(\kappa - k)} = \sqrt{\frac{2}{\pi}}\,\frac{\sin\{(k - \kappa)a\}}{k - \kappa}$$

が得られる．k の関数としての $F(k)$ は 4-1 図のように $k = \kappa$ に最大値をもつが，その両側に広がりをもっている．🖋

このことは，$\mathrm{e}^{i\kappa x}$ という波もこれを有限の長さに切って波束にすると，k の異なる波の重ね合せになることを示している．この場合に，4-1 図で中

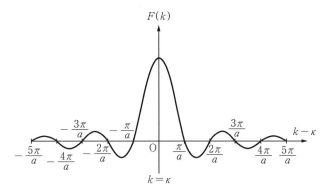

4-1図 有限な長さ $2a$ で切れた波 $e^{i\kappa x}$ のフーリエ変換

央のピークだけを考えてそれ以外の低い山を無視すれば，k の幅 Δk は大体 π/a の程度である．波束の長さは $\Delta x = 2a$ であるから，

$$\Delta x \cdot \Delta k = 2a \times \frac{\pi}{a} = 2\pi$$

となって，Δx を小さくすれば Δk は大きくなり，Δx を大きくすれば Δk は小さくなる，という逆比例関係にあることがわかる．

[**例題2**] ガウス関数

$$f(x) = A \exp\left(-\frac{\alpha}{2}x^2\right) \tag{8}$$

のフーリエ変換を求めよ．

[**解**] この $f(x)$ を (2b) 式に代入すると，

$$F(k) = \frac{A}{\sqrt{2\pi}} \int_{-\infty}^{\infty} \exp\left(-\frac{\alpha}{2}x^2 - ikx\right) dx$$

$$= \frac{A}{\sqrt{2\pi}} \left\{ \int_{-\infty}^{\infty} \exp\left(-\frac{\alpha}{2}x^2\right) \cos kx \, dx - i \int_{-\infty}^{\infty} \exp\left(-\frac{\alpha}{2}x^2\right) \sin kx \, dx \right\}$$

$$= \frac{A}{\sqrt{2\pi}} \int_{-\infty}^{\infty} \exp\left(-\frac{\alpha}{2}x^2\right) \cos kx \, dx$$

この最後の定積分は既知で，数学公式集などに出ているから結果を借用すると，その値は $\sqrt{2\pi/\alpha} \exp\left(-k^2/2\alpha\right)$ に等しい．したがって

$$F(k) = \frac{A}{\sqrt{\alpha}} \exp\left(-\frac{1}{2\alpha}k^2\right) \tag{9}$$

が得られる.

2つのガウス関数 (8) 式と (9) 式
の幅を比べてみよう. 幅としては,
f または F が最大値をとる変数の値
(いまの場合は $x = 0, k = 0$) と, 最
大値の $1/\mathrm{e}$ になる変数の値との差を
用いることにしよう. それらを Δx,
Δk とすると

$$\frac{\alpha}{2}(\Delta x)^2 = 1 \quad \text{より} \quad \Delta x = \sqrt{\frac{2}{\alpha}}$$

$$\frac{1}{2\alpha}(\Delta k)^2 = 1 \quad \text{より} \quad \Delta k = \sqrt{2\alpha}$$

であるから, 再び Δx と Δk との間の
逆比例関係

$$\Delta x \cdot \Delta k = 2 \qquad (10)$$

を得る.

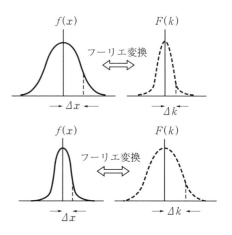

4-2図　ガウス関数のフーリエ変換

以上によって, 波動関数 $\psi(\boldsymbol{r}, t)$ または $\varphi(\boldsymbol{r})$ のフーリエ変換は, 運動量の
固有関数 $\mathrm{e}^{i\boldsymbol{k}\cdot\boldsymbol{r}}$ (固有値 $\hbar\boldsymbol{k}$) をどのように重ねて ψ や φ をつくっているかを
示すものであることがわかった. $\boldsymbol{r}$ の関数としての $\psi(\boldsymbol{r}, t)$ または $\varphi(\boldsymbol{r})$ の空
間的広がりが, 粒子の位置を測定した場合の不確定性 $\Delta x, \Delta y, \Delta z$ を表すこと
に対応して, そのフーリエ変換 $C(\boldsymbol{k}, t)$ または $C(\boldsymbol{k})$ を k_x, k_y, k_z の関数として
見たときの広がりは, 運動量を測定したときの不確定さ $\Delta p_x, \Delta p_y, \Delta p_z$ を $\hbar$ で
割ったものを表している.

上記の [例題1] で調べてわかったように, $\exp(ik_x x)$ を有限の長さ $2a$ で
切れば ($\Delta x = 2a$), k_x として $\Delta k_x = \pi/a$ 程度の範囲のものを混ぜたことに
なる. ゆえに

$$\Delta x \cdot \Delta p_x = \Delta x \cdot \hbar \, \Delta k_x = 2\pi\hbar = h$$

である. これは, 確かに不確定性原理を表したものと考えることができよう.
[例題2] の結果も同様である.

これらの例でわかるように, 観測精度の原理的限界を示す不確定性原理は,

粒子の振舞を波動関数で表し，$|\psi(\boldsymbol{r},t)|^2$ や $|C(\boldsymbol{k},t)|^2$ の意味を確率的に解釈することによって，数式の上で適切に表現することができる．いいかえれば，不確定性は粒子の波動性ということで表現されているのである．

§4.4　位相速度と群速度

　ハミルトニアン H が時間 t を含まないときには，時間を含むシュレーディンガー方程式

$$H\psi = i\hbar\frac{\partial\psi}{\partial t} \tag{1}$$

を解く代りに，時間を含まないシュレーディンガー方程式

$$H\varphi(\boldsymbol{r}) = \varepsilon\varphi(\boldsymbol{r}) \tag{2}$$

を解いて，H の固有関数 $\varphi_n(\boldsymbol{r})$ と固有値 ε_n を求め，$\omega_n = \varepsilon_n/\hbar$ を用いて

$$\psi_n(\boldsymbol{r},t) = \varphi_n(\boldsymbol{r})\,\mathrm{e}^{-i\omega_n t} \tag{3}$$

をつくれば，これが (1) 式の解になっていることを§2.7で知った．(3) 式は，エネルギーの固有状態（定常状態）を表す波動関数である．

　たとえば，自由粒子の場合には，ハミルトニアンは運動エネルギーだけの $H = (-\hbar^2/2m)\nabla^2$ であって，x 方向に進む場合の解は（いま，規格化は度外視する）

$$\varphi(\boldsymbol{r}) = \mathrm{e}^{ikx}, \quad \varepsilon_k = \frac{\hbar^2}{2m}k^2$$

である．したがって，

$$\omega_k = \frac{\varepsilon_k}{\hbar} = \frac{1}{2m}\hbar k^2$$

となるから

$$\begin{aligned}\psi_k(\boldsymbol{r},t) &= \exp\{i(kx - \omega_k t)\} \\ &= \exp\left\{ik\left(x - \frac{\hbar k}{2m}t\right)\right\}\end{aligned}$$

ということになる．この波の進む速さ v_p（**位相速度**という）は，式から明ら

かなように

$$v_{\mathrm{p}} = \frac{\hbar k}{2m} \tag{4}$$

である．ところで，この粒子のもつ運動量の大きさは $p = \hbar k$ であるから

$$v_{\mathrm{p}} = \frac{p}{2m} \tag{5}$$

となり，$v = p/m$ によって求められる粒子の速度と，この v_{p} とは同じではない．この違いはどこからくるのであろうか．

　(3) 式は (1) 式の特別な解であるが，一般の解は (3) 式の 1 次結合

$$\psi(\boldsymbol{r}, t) = \sum_n c_n \varphi_n(\boldsymbol{r}) \mathrm{e}^{-i\omega_n t} \tag{6}$$

で与えられる．以下で考えるのはこのような関数であり，n についての和の代りに k についての積分が現れても同じことである．

　§2.5 では，波束の運動を調べ，外力のポテンシャルが空間的にゆっくりと変化しているときには，波束の重心の運動は古典力学の法則に従うことを学んだ．外力がない（ポテンシャルが一定）場合にも，このことは当然成り立つはずである．ところで，この場合に粒子の速度に対応するものは，波束の重心の動く速度であった．波束は多数の（一般には無数の）平面波を重ね合わせたものであり，その塊としての速度は成分波の位相速度とは別のものである．塊としての波束の動く速度のことを**群速度**という．

　波束は波長の異なる平面波を重ねたものであるが，もしそれらすべての平面波が皆同じ位相速度をもつならば，それらを重ねたものもそれと同じ速度でそのままの形を保ったまま移動するであろう．この場合には，位相速度と群速度とは明らかに一致する．一致しないのは，波長によって（すなわち，k の関数として）位相速度が異なる場合である．物質中の光の（位相）速度が色によって異なるために，プリズムによってスペクトルに分かれる現象を**分散**というのにならって，一般に波の位相速度が k によって異なることを**分散**とよぶ．(4) 式が示すように，自由空間中のシュレーディンガー波は分散

を示し，そのために位相速度と群速度とは一致しない．

　　　　このことは，たとえばわずかに歯の間隔が違う2枚のくしを重ねて考え
てみればわかる．歯と歯，すきまとすきまが重なるところはすけて見える
が，そこから少し離れたところでは歯とすきま，すきまと歯が重なるからすけて見
えない．波の山と谷を歯とすきまに対応させて考えれば，すけて見えるところは，
波長のわずか異なる2つの波が強め合うところ，すけて見えないところは互いに打
ち消し合うところであり，これらが交互にくるのは唸りである．ところが，2枚の
くしを相対的にわずかにずらせると，このすけて見える個所はさっと移動すること
がわかる．この移動の速度を，2枚のくしの（平均）速度に加えたものが，強め合う
個所の動く速度である．くしが2枚だと唸りになって，強め合うところが一定間隔
で並ぶが，こまかさの異なる多数のくしを重ね，1個所だけ歯をそろえたとすると，
その近くだけすべてのくしの歯とすきまがそろうが，少し離れたところでは，多数
の歯，多数のすきまがほぼ同数ずつ重なることになるから，波でいえば振動が互い
に打ち消し合うことになる．これが波束である．

　群速度を求める式を得るために，x 方向に進む波束を考えよう．自由な空
間を進む波束を考えるから，各成分波は一定の速度で進む $\exp\{i(kx - \omega t)\}$
という形の正弦進行波である．ただし，角振動数 ω と k の比（位相速度）が
波長によって異なる，つまり k の関数になっている．いま波束が

$$\psi(x,t) \propto \int_{-\infty}^{\infty} C(k)\,\mathrm{e}^{i(kx-\omega t)}\,dk = \int_{-\infty}^{\infty} |C(k)|\,\mathrm{e}^{i(kx-\omega t+\delta)}\,dk$$

のように表されているとする．ここで，複素数の振幅 $C(k)$ は，

$$C(k) = |C(k)|\,\mathrm{e}^{i\delta}$$

と書くことによって，位相の δ をも（k の関数として）含むものであること
がわかるであろう．これらの成分波のうちで $|C(k)|$ が最大になるものの
k の値を k_m とする．$C(k)$ は k の関数としてあまり特異なものではないとす
ると，この k_m に近い k の波が互いに強め合っているところが波束の重心に
なっているであろう．そこで，$k = k_m$ の波と，k_m のすぐ近くの $k = k'$ の波
との重なり方を考えてみよう．これらの波は

$$C(k_m) \exp\{i(k_m x - \omega_m t)\} = |C(k_m)| \exp\{i(k_m x - \omega_m t + \delta_m)\}$$

$$C(k') \exp\{i(k' x - \omega' t)\} = |C(k')| \exp\{i(k' x - \omega' t + \delta')\}$$

と表されるが，これらが互いに強め合っているということは位相が一致しているということであるから，t という時刻に波束の重心が x にあるということとは

$$k_m x - \omega_m t + \delta_m = k' x - \omega' t + \delta'$$

になっていることを意味する．時間 Δt の後に波束の重心が x から $x + \Delta x$ に移ったとすると，

$$k_m(x + \Delta x) - \omega_m(t + \Delta t) + \delta_m = k'(x + \Delta x) - \omega'(t + \Delta t) + \delta'$$

になっているはずである．この2式を辺々引き算すると

$$k_m \Delta x - \omega_m \Delta t = k' \Delta x - \omega' \Delta t$$

が得られる．これを Δt で割り，$\Delta x / \Delta t = v_g$ とおけば

$$k_m v_g - \omega_m = k' v_g - \omega'$$

となるから，群速度 v_g は

$$v_g = \frac{\omega_m - \omega'}{k_m - k'}$$

で与えられることがわかる．

　もっと計算しやすい形で書けば，

$$v_g = \left(\frac{d\omega}{dk}\right)_{k=k_m} \tag{7}$$

が求める群速度の表式である．

　自由空間のシュレーディンガー波では，ω と k の関係は103ページで下から5行目の式で与えられるから，$k = k_m$ の波を主成分とする波束の群速度は

$$v_g = \left(\frac{d\omega}{dk}\right)_{k=k_m} = \frac{\hbar k_m}{m} \tag{8}$$

となって確かに p_m/m に等しく，古典力学の速度（＝ 運動量 ÷ 質量）と一致する．しかし，粒子の速度を観測するためには，たとえば電子線の通り道にシャッターを置いて，それを短時間だけ開いてすぐ閉じるというような操

作をしなければならないので，確率波としては波束になる．そうすると100ページの［例題1］で見たように k に幅を生じ，運動量にはある程度の不確定さを与えるということを忘れてはならない．

§4.5　崩れる波束と崩れない波束

崩れる波束

　位相速度が波長によって異なる場合には，群速度が位相速度と違ったものになると同時に，波束の形も次第に変化する．このことを一般的に論ずるわけにはいかないが，ガウス関数形の波束について調べてみることにしよう．話を簡単にするために，1次元の場合について考察するが，出てくるのが指数関数なので，単に掛け合わせることによって容易に3次元へ拡張できる．

　§3.4で扱った調和振動子では，原点に引力の中心があって粒子を常に引きつけているので，ガウス形の波束（基底状態の波動関数はガウス関数で表される）は，いつまでも形を保ったままその位置にとどまることができる．しかし，もしも突然この引力が消失したらどうなるだろうか．古典的には運動は単振動であるが，量子論では粒子の速度がどうなっている瞬間に引力が消失するのかを知ることはできないから，引力消失後の運動方向の速さにはいろいろの可能性がある．したがって，x 方向の運動でいえば，粒子を見出す可能性の有限な範囲は $\pm x$ 方向の両方に次第に広がっていくであろう．このことは，原点付近にかたまっていた確率波の波束が次第に拡散していくことを意味する．

　いま，ただのガウス関数の代りに，次のような x の関数を考えることにしよう．*

$$f(x) = \left(\frac{\alpha}{\pi}\right)^{1/4} \exp\left(ik_0 x - \frac{\alpha}{2}x^2\right) \tag{1}$$

---

*　$\exp(ik_0 x)$ を掛けたのは，突きとばして運動量 $\hbar k_0$ を与えたことに相当する．

これは

$$\int_{-\infty}^{\infty} |f(x)|^2\, dx = 1$$

のように規格化されている. $f(x)$ を 1 次元の波動関数と見れば,

$$|f(x)|^2 = \left(\frac{\alpha}{\pi}\right)^{1/2} \exp\left(-\alpha x^2\right)$$

であるから, $x = 0$ の付近に局在する波束を表す. これのフーリエ変換が

$$F(k) = \left(\frac{1}{\pi \alpha}\right)^{1/4} \exp\left\{-\frac{(k - k_0)^2}{2\alpha}\right\} \tag{2}$$

になることは §4.3 [例題 2] と同様にして求められる.

(2) 式を, §4.3 (2a) 式 (98 ページ) に代入すれば, $f(x)$ が

$$f(x) = \left(\frac{1}{4\pi^3 \alpha}\right)^{1/4} \int_{-\infty}^{\infty} \exp\left\{-\frac{(k - k_0)^2}{2\alpha}\right\} \mathrm{e}^{ikx}\, dk \tag{3}$$

のように書けることがわかる.

いま, この $f(x)$ で表されるような波束を, $t = 0$ に外力のない自由空間に
つくったとする. すなわち

$$\phi(x, 0) = f(x) \tag{4}$$

という初期条件で $\phi(x, 0)$ を与えたとする. その後の $\phi(x, t)$ はどうなるであ
ろうか. (3) 式は $f(x)$ が, 振幅 $\mathrm{e}^{-(k-k_0)^2/2\alpha}$ の波 e^{ikx} の重ね合せで与えられる
ことを示している. ところで, 自由空間では波 e^{ikx} は

$$\mathrm{e}^{i(kx - \omega t)} \qquad \left(\hbar\omega = \frac{\hbar^2 k^2}{2m}\right) \tag{5}$$

のように伝わるのであるから, (3) 式の中の e^{ikx} を (5) 式で置き換えたもの
が $\phi(x, t)$ を表すことになる.

計算は省略するが, そうして求めた $\phi(x, t)$ は

$$|\phi(x, t)|^2 = \sqrt{\frac{\dfrac{\alpha}{\pi}}{1 + \xi^2 t^2}} \exp\left\{\frac{-\alpha\left(x - \dfrac{\hbar k_0}{m} t\right)^2}{1 + \xi^2 t^2}\right\} \tag{6}$$

を与える. ただし,

$$\xi = \frac{\alpha\hbar}{m}, \qquad \omega_0 = \frac{\hbar k_0^2}{2m}$$

である．(6) 式は

$$x = \frac{\hbar k_0}{m}t \tag{7}$$

のところに最大値をもつガウス関数で，x について $-\infty$ から ∞ まで積分すると 1 になることもすぐわかるが，この関数が最大値の 1/e になる 2 つの x の値の間隔で幅を表すと，それは

$$2\sqrt{\frac{1 + \xi^2 t^2}{\alpha}} = 2\sqrt{\frac{1}{\alpha} + \frac{\alpha\hbar^2}{m^2}t^2} \tag{8}$$

となるから，時間とともに増大することがわかる．つまり，この波束は規格化を保ったまま，中心が一定の速度 $\hbar k_0/m$ で動き，同時に幅が (8) 式に従って次第に広がっていくものである．幅の広がる速さは α の大きいほどいちじるしい．α が大きいということは，$t = 0$ のときの $|\phi(x, 0)|^2$ の幅が小さいということである．このことを不確定性原理を用いていえば，最初に $\varDelta x$ を小さくとると $\varDelta p_x$ が大きくなるので，位相速度の異なる波を広範囲に混ぜたことになり，$t > 0$ のときにはそれらの波の歩調がそろわないので，波束はたちまち崩れてしまう．これに反し，最初に幅をかなり広くとっておくと，$\varDelta p_x$ は小さくて位相速度のあまり違わない波だけの

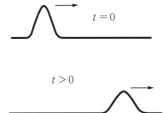

4-3 図　自由粒子のガウス型波束は動きつつ次第に広がっていく．

集まりになるので，波束の崩れ方はゆっくりとなる．

崩れない波束

ハミルトニアンが

$$H = -\frac{\hbar^2}{2m}\frac{d^2}{dx^2} + \frac{m\omega^2}{2}x^2$$

で与えられる調和振動子の基底状態は，ガウス関数

$$u_0(x) = \left(\frac{\alpha}{\pi}\right)^{1/4} \exp\left(-\frac{\alpha}{2}x^2\right), \quad \alpha = \frac{m\omega}{\hbar}$$

である（76 ページ）．これの中心を A だけ移した

$$u_c(x) = \left(\frac{\alpha}{\pi}\right)^{1/4} \exp\left\{-\frac{\alpha}{2}(x-A)^2\right\} \tag{9}$$

という関数を考えてみよう．75 ページの §3.4 (12) 式で定義された演算子

$$a = \sqrt{\frac{\hbar}{2m\omega}}\frac{d}{dx} + \sqrt{\frac{m\omega}{2\hbar}}x = \frac{1}{\sqrt{2\alpha}}\frac{d}{dx} + \sqrt{\frac{\alpha}{2}}x$$

は，$u_0(x)$ に対しては $a u_0(x) = 0$ を与えるが，$u_c(x)$ に対して作用させると，すぐわかるように

$$a\,u_c(x) = \sqrt{\frac{\alpha}{2}}\,A\,u_c(x) \tag{10}$$

を与える．つまり $u_c(x)$ は a の固有関数になっていて，固有値は $A\sqrt{\alpha/2}$ である．この $u_c(x)$ を H の固有関数 $u_0, u_1, u_2, \cdots$ で

$$u_c(x) = \sum_{n=0}^{\infty} c_n\,u_n(x) \tag{11}$$

のように展開したときの係数 c_n を求めてみよう．

77 ページの (18) 式，$a\,u_n(x) = \sqrt{n}\,u_{n-1}(x)$ を使うと

$$a\,u_c(x) = \sum_{n=0}^{\infty} c_n a\,u_n(x) = \sum_{n=0}^{\infty} c_n\sqrt{n}\,u_{n-1}(x) = \sum_{n=0}^{\infty} c_{n+1}\sqrt{n+1}\,u_n(x)$$

となるから，これを

$$a\,u_c(x) = \sqrt{\frac{\alpha}{2}}\,A\,u_c(x) = \sum_{n=0}^{\infty} \sqrt{\frac{\alpha}{2}}\,A\,c_n u_n(x)$$

と比べて

$$c_{n+1} = \sqrt{\frac{\alpha}{2}}\,A\frac{1}{\sqrt{n+1}}c_n \quad \left(\therefore \quad c_n = \sqrt{\frac{\alpha}{2}}\,A\frac{1}{\sqrt{n}}c_{n-1}\right)$$

が得られる．したがって，

$$c_n = \left(\sqrt{\frac{\alpha}{2}}\,A\right)^n \frac{1}{\sqrt{n!}}c_0$$

とすればよいことがわかる．(11) 式に入れれば

$$u_c(x) \propto \sum_{n=0}^{\infty} \frac{1}{\sqrt{n!}}\left(\sqrt{\frac{\alpha}{2}}A\right)^n u_n(x) \tag{12}$$

となる．

　いま，$t = 0$ で $\phi(x, 0) = u_c(x)$ として，$\phi(x, t)$ がどうなるかを調べてみよう．$\varepsilon_n = n\hbar\omega$ であることを使うと*，

$$\phi(x, t) \propto \sum_{n=0}^{\infty} \frac{1}{\sqrt{n!}}\left(\sqrt{\frac{\alpha}{2}}A\right)^n e^{-in\omega t} u_n(x) = \sum_{n=0}^{\infty} \frac{1}{\sqrt{n!}}\left(\sqrt{\frac{\alpha}{2}}A e^{-i\omega t}\right)^n u_n(x) \tag{13}$$

となるから，A を $Ae^{-i\omega t}$ に変えればよいことになる．したがって，(9) 式にもどってそうすれば

$$\phi(x, t) \propto \exp\left\{-\frac{\alpha}{2}(x - Ae^{-i\omega t})^2\right\}$$

となることがわかる．したがって，規格化定数の変化も考慮して

$$|\phi(x, t)|^2 \propto \exp\left\{-\frac{\alpha}{2}(x - Ae^{i\omega t})^2\right\}\exp\left\{-\frac{\alpha}{2}(x - Ae^{-i\omega t})^2\right\}$$
$$= \exp\{-\alpha(x - A\cos\omega t)^2 + \alpha A^2 \sin^2\omega t\}$$
$$\propto \exp\{-\alpha(x - A\cos\omega t)^2\}$$

が得られる．ゆえに，この波束の $|\phi|^2$ は同じ形のガウス関数のままで，その中心が

$$x = A\cos\omega t$$

のように単振動を続けることがわかった．これは，この調和振動子を古典力学で扱ったときの運動に他ならないから，§2.5 で調べたとおりのことが具体的に示されたことになる．調和振動子が特別なのは，自由運動の場合のように波束が拡散することなく，いつまでもその形を保っている点である．つまり，振動子がかなり粒子的になっている，ともいえよう．

---

* $\varepsilon_n = \left(n + \dfrac{1}{2}\right)\hbar\omega$ としても $|\phi|^2$ には変わりがない．

　電磁波（のモードの1つ）を調和振動子として扱った場合に，n を指定した（光子数の確定した）状態では，古典的な振動とは全く異なった定常状態が得られる．ところが，n の異なるたくさんの状態を（13）式のように混ぜ合わせると，古典的な場合にきわめて近い単振動が得られる．古典的な場合に近い，ということは，電磁波の状態が古典的な電磁波に近い，かなりはっきりした"波"としての性質を示す，ということである．*　このような状態（シュレーディンガー波が波束になった状態）になっている光の波は**コヒーレント**（可干渉）であるとよばれ，レーザー光は（13）式のようになっていると考えられる．

---

*　読者はどれが何の波かをよく区別していないと混乱すると思う．

5

原子・分子と固体

　量子力学は微視的粒子，特に電子に適用されて輝かしい成功をおさめ，原子核と電子からできている原子，その原子が結合してできている分子や固体の結晶などが示す諸性質を電子の振舞にさかのぼって基礎的に解明することができた．扱う系が非常に多数の粒子からできていることに起因する数学的困難さを除けば，これらの諸性質は量子力学によってすべて説明されうるといっても過言ではない．

　この章では，まず1電子の正常ゼーマン効果を調べて角運動量の意味を明らかにした後に，電子のスピンについて考察する．それから多粒子系の扱い方について学んだ後，原子，分子，固体について，その量子論的扱いの入口を紹介する．もっとくわしいことは，それぞれの専門書にゆずらねばならない．

§5.1　正常ゼーマン効果

　古典力学で，中心力を受けて運動する質点に対しては，力の中心に関する角運動量 $l = r \times p$ が運動の保存量として大切な量であることはよく知られている．量子力学では，中心力場内の定常状態の波動関数は

$$\varphi_{nlm}(r, \theta, \phi) = R_{nl}(r)\, Y_l^m(\theta, \phi) \tag{1}$$

のように表され，l は演算子

$$l_x = -i\hbar\left(y\frac{\partial}{\partial z} - z\frac{\partial}{\partial y}\right) \tag{2a}$$

$$l_y = -i\hbar\left(z\frac{\partial}{\partial x} - x\frac{\partial}{\partial z}\right) \tag{2b}$$

$$l_z = -i\hbar\left(x\frac{\partial}{\partial y} - y\frac{\partial}{\partial x}\right) \tag{2c}$$

あるいは，極座標による形

$$l_x = i\hbar\left(\sin\phi\frac{\partial}{\partial\theta} - \cot\theta\cos\phi\frac{\partial}{\partial\phi}\right) \tag{3a}$$

$$l_y = -i\hbar\left(\cos\phi\frac{\partial}{\partial\theta} - \cot\theta\sin\phi\frac{\partial}{\partial\phi}\right) \tag{3b}$$

$$l_z = -i\hbar\frac{\partial}{\partial\phi} \tag{3c}$$

で与えられる．すでに述べたように，$\boldsymbol{l}$ と $\varphi_{nlm} = R_{nl}(r)Y_l{}^m(\theta,\phi)$ との間には

$$\boldsymbol{l}^2\varphi_{nlm}(r,\theta,\phi) = (l_x{}^2 + l_y{}^2 + l_z{}^2)\varphi_{nlm}(r,\theta,\phi)$$

$$= \hbar^2 l(l+1)\varphi_{nlm}(r,\theta,\phi) \tag{4a}$$

$$l_z\varphi_{nlm}(r,\theta,\phi) = m\hbar\,\varphi_{nlm}(r,\theta,\phi) \tag{4b}$$

という関係がある．

さて，固定した中心からの引力を受けてそのまわりを運動している荷電粒子を古典物理学で考えると，これは閉じた曲線に沿って電流が流れていることになるから，1つの磁石と同等である．この磁石の強さを考えてみよう．簡単のため，半径 r の円周上を質量 m，電荷 q の荷電粒子が速さ v で回っているときを考える．単位時間に $v/2\pi r$ 回の割合で回るから，円周上の勝手な1点を単位時間に通る電気量は $qv/2\pi r$ に等しい．ゆえにこの場合には，この系を半径 r で強さ $qv/2\pi r$ の円電流とみなすことができる．ところが，電磁気学の教えるところによると，円電流は磁気双極子と同等であり，その場合の磁気モーメントは，SI 単位で (電流の強さ) × (閉曲線の囲む面積) に等しい．ゆえに，われわれの円電流がもつ磁気モーメントは

$$\frac{qv}{2\pi r}\times\pi r^2 = \frac{qvr}{2} = \frac{q}{2m}mvr = \frac{q}{2m}|\boldsymbol{l}|$$

に等しい. ここで $|\boldsymbol{l}| = mvr$ は荷電粒子の角運動量の大きさである. この最後の表式は, 円運動に限らず一般の場合にも使うことができる.

電子の場合は, $q = -e$ であり, ベクトルとしての磁気モーメント $\boldsymbol{\mu}$ は

$$\boldsymbol{\mu} = -\frac{e}{2m_e}\boldsymbol{l} \tag{5}$$

と書かれる. 負号は電子が負に帯電しているために, 回転運動に対して右ねじの進む向きで定められる $\boldsymbol{l}$ の向きと, $\boldsymbol{\mu}$ の向きとが逆であることを示している. (4a), (4b) 式が示しているように, 電子等の角運動量の自然な単位は $\hbar$ であるから

$$\boldsymbol{\mu} = -\frac{e\hbar}{2m_e}\frac{\boldsymbol{l}}{\hbar} \equiv -\beta_{\mathrm{B}}\frac{\boldsymbol{l}}{\hbar} \tag{6}$$

とすると便利である.

$$\beta_{\mathrm{B}} = \frac{e\hbar}{2m_e} = 9.2740 \times 10^{-24}\,\mathrm{A\cdot m^2} \tag{7}$$

はボーア磁子とよばれる.*

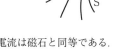

さて, 中心力を受けて運動している電子のハミルトニアンは

5-1 図 環状電流は磁石と同等である. S → N が磁気モーメントの向き.

$$H = -\frac{\hbar^2}{2m_e}\nabla^2 + V(r)$$

であり, 固有関数 $\varphi_{nlm}(r, \theta, \phi)$ は

$$H\,\varphi_{nlm}(r, \theta, \phi) = \varepsilon_{nl}\,\varphi_{nlm}(r, \theta, \phi)$$

を満たし, 固有値 ε_{nl} は m には無関係であった. したがって, n と l が同じで m が異なる $2l + 1$ 個の状態は縮退しており, $\varphi_{nlm}(m = l, l-1, \cdots, -l)$ だけが固有関数として唯一の選び方ではなく, これの 1 次結合 $\sum_m c_m\varphi_{nlm}$ なら何でもよいのである. このことは 94 ページにも断っておいたとおりである.

---

* CGS 単位系では $\beta_{\mathrm{B}} = e\hbar/2m_e c = 9.274 \times 10^{-21}$ erg/Gauss とし, B の代りに磁場の強さ H を使う.

　ところが，いまこの系を磁束密度が B の一様な磁場の中へ入れたとする
と，電子の運動による磁気モーメント μ と B の方向によってエネルギーが
違ってくる．磁針が南北を指すのは，μ が B の向きと一致したときにエネル
ギーが最低となるからである．μ と B が直角のときを 0 にとると，磁場内に
置かれた磁気モーメントがもつエネルギーの古典的表式は $\mu \cdot B$ で与えられ
る．いま，B の方向を z 軸にとることにすれば

$$-\mu \cdot B = -\mu_z B$$

である．ここで，量子論に移るには μ として（6）式を用い，l を演算子とみ
なせばよい．すなわち，磁場があるためにハミルトニアンにつけ加わる項は，

$$H' = \frac{\beta_B B l_z}{\hbar} \tag{8}$$

である．これが，軌道運動による電子の**ゼーマンエネルギー**とよばれるもの
である．

　磁場があるときのハミルトニアンは
$H + H'$ であるが，われわれが選んだ固有関
数 φ_{nlm} は，同時に l_z の固有関数にもなって
おり，その固有値は $m\hbar$ なのであるから

$$(H + H')\varphi_{nlm} = (\varepsilon_{nl} + m\beta_B B)\varphi_{nlm}$$
$$\tag{9}$$

となり，磁場があっても固有関数になってい
る．そして，$H + H'$ に対する固有値は

$$\varepsilon_{nlm} = \varepsilon_{nl} + m\beta_B B \tag{10}$$

で与えられる．これでわかるのは，磁場がな
いとき，$2l + 1$ 重に縮退していたエネルギー

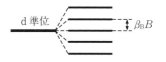
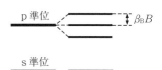

5-2 図　正常ゼーマン効果に
よるエネルギー準位の分裂

準位 ε_{nl} が磁場のために分裂し，間隔が $\beta_B B$ の $2l + 1$ 個の準位になるという
ことである．この現象を**正常ゼーマン効果**という．

［例題1］ 磁束密度 10000 Gauss の磁場の中でのゼーマン効果による分裂した準位の間隔はどれだけか.

［解］ $B = 10^4\,\mathrm{G} = 1\,\mathrm{V\cdot s/m^2}$ であるから,
$$\beta_\mathrm{B} B = 9.27 \times 10^{-24}\,\mathrm{J} \qquad (\mathrm{J = C\cdot V = A\cdot s\cdot V})$$
$$= 5.78 \times 10^{-5}\,\mathrm{eV}$$
これを $h\nu$ に等しいとおけば
$$\nu = 1.4 \times 10^{10}\,\mathrm{s^{-1}}$$
となり, この振動数をもつ電磁波の波長は
$$\lambda = \frac{c}{\nu} = \frac{3.0 \times 10^8}{1.4 \times 10^{10}}\,\mathrm{m} = 2.1\,\mathrm{cm}$$
である. ✐

［例題2］ (2a), (2b), (2c) 式で定義される角運動量の演算子は次の**交換関係**を満たすことを示せ.
$$\begin{cases} l_x l_y - l_y l_x = i\hbar l_z & (11\mathrm{a}) \\ l_y l_z - l_z l_y = i\hbar l_x & (11\mathrm{b}) \\ l_z l_x - l_x l_z = i\hbar l_y & (11\mathrm{c}) \end{cases}$$

［解］
$$l_x l_y = -\hbar^2 \left(y\frac{\partial}{\partial z} - z\frac{\partial}{\partial y} \right)\left(z\frac{\partial}{\partial x} - x\frac{\partial}{\partial z} \right)$$
$$= -\hbar^2 \left(y\frac{\partial}{\partial z} z\frac{\partial}{\partial x} - y\frac{\partial}{\partial z} x\frac{\partial}{\partial z} - z\frac{\partial}{\partial y} z\frac{\partial}{\partial x} + z\frac{\partial}{\partial y} x\frac{\partial}{\partial z} \right)$$
において, 最後の（ ）内の第1項を考えてみると, この演算子は右側にくるべき任意の関数（φ とする）に次のように作用する.
$$y\frac{\partial}{\partial z} z\frac{\partial}{\partial x}\varphi = y\frac{\partial}{\partial z}\left(z\frac{\partial}{\partial x}\varphi \right) = y\frac{\partial}{\partial x}\varphi + yz\frac{\partial^2\varphi}{\partial z\,\partial x}$$
φ は任意であるから
$$y\frac{\partial}{\partial z} z\frac{\partial}{\partial x} = y\frac{\partial}{\partial x} + yz\frac{\partial^2}{\partial z\,\partial x}$$
と書かれる. 残りの3項は単に
$$y\frac{\partial}{\partial z} x\frac{\partial}{\partial z} = yx\frac{\partial^2}{\partial z^2},\quad z\frac{\partial}{\partial y} z\frac{\partial}{\partial x} = z^2\frac{\partial^2}{\partial y\,\partial x},\quad z\frac{\partial}{\partial y} x\frac{\partial}{\partial z} = zx\frac{\partial^2}{\partial y\,\partial z}$$
となるだけである. 同様にして $l_y l_x$ を整理し, $l_x l_y$ との差をとると,

$$l_x l_y - l_y l_x = -\hbar^2 \left(y \frac{\partial}{\partial x} - x \frac{\partial}{\partial y} \right)$$

となることがわかる．(2c) 式を用いれば，右辺は $i\hbar l_z$ と書かれることがわかるから，第1の交換関係が得られる．他の2つも全く同様にして求められる．📝

§5.2 スピンの存在

前節で，電子の軌道運動によって磁気モーメントが現れることを学んだが，実は物質の磁性の根源としてもっと重要なのは，電子自身がもつ磁気モーメントである．つまり，電子はそれ自身として1個の小さな磁石なのである．このことは，ディラックの相対論的電子論によって理論的に導き出されたのであるが (1928 年)，それ以前にいろいろな実験事実からすでに知られていた．

実験事実のうちの1つは原子スペクトルの多重性であって，最も簡単な場合を例にとって説明すれば，次のようなことである．

周知のように，アルカリ金属（たとえばナトリウム）の原子は1価の陽イオンになりやすい．これは原子内の電子のうちで1個だけ* が特別に，その運動状態を変えやすいためである．その他の電子はかなり強く原子核のまわりに束縛されていて，容易にその状態が変化しない．そこで，価電子だけに着目すると，価電子は原子核からの引力と，他の電子からの斥力とを受けながら運動していることになる．この合力を近似的に** 静電ポテンシャル $V(r)$ によって表すことが多い．

この $V(r)$ は，一般には $-Ze/4\pi\epsilon_0 r$ という形にはならないので，水素原子のときとは違って，価電子のエネルギーは主量子数 n と方位量子数 l の両方に依存することになる（82 ページを参照）．それを ε_{nl} と表すことにする．ところが，異なる n, l の状態間の遷移で放出または吸収される光子の振動数 ν に対するボーアの条件

---

* **（原子）価電子**という．§5.5 を参照．
** 本当は相手の電子も動いているのであるから，こうはならない．この近似法の意味については§5.5で説明する．

$$\varepsilon_{nl} - \varepsilon_{n'l'} = h\nu$$

から期待されるいろいろな ν と，実測されたいろいろな ν とを比較してみる
と，$l = 0$ の s 状態以外のエネルギー準位は，どれもきわめて接近した 2 つ
の準位に分かれているとしか考えられないことがわかった．

最もよく知られている Na の D 線（黄色）
は，波長が約 5890 Å の線スペクトルである
が，くわしく見ると，これが約 6.0 Å 離れた
2 本の線からできている．この D 線は p 状
態から s 状態への遷移によるのであるが，こ
の分離は p 状態の準位の分裂によるもので
ある．

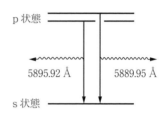

5-3 図　スピン–軌道相互作用
　　　による p 状態の分裂（Na の
　　　D 線）

この事実を説明するために，オランダの
ウーレンベックとハウトスミットは

電子は単なる質点ではなくて，球の自転に相当する角運動量と，それに
ともなう磁気モーメントをもつ

という仮説を提唱した（1925 年）．この角運動量のことを**スピン**とよぶ．

いま，このようにスピンとそれにともなう磁気モーメントをもった電子が，
原子番号 Z の原子核（電荷は $+Ze$）とそれをとり囲む $Z - 1$ 個の強く束縛
された電子群（電荷は $(Z - 1) \times (-e)$）のまわりを回っている場合を考え

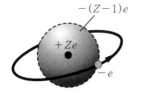 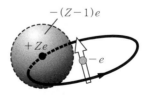

5-4 図　正に帯電した原子芯のまわりを回る電子は，右図のよう
　　　に原子芯のつくる円電流の中心にいるのと同じ磁場を感じる．

よう．原子核と $Z-1$ 個の電子をまとめて**原子芯**とよぶが*，これは外から
見た場合には $+e$ の正電荷をもった球と考えられる．そこで，5-4 図に示し
たように，この原子芯のまわりを回る価電子から見ると，右側の図のように
電子のまわりを正に帯電した原子芯が回っているように見えるであろう．そ
うすると，価電子は円電流の中心にいるのと同じであり，円電流は電子の位
置に図の白い矢印で示される方向の磁場をつくる．この磁場の磁束密度を
B_{eff} とすると，それは電子の軌道運動の角運動量 l と同じ向きをもち，強さ
もそれに比例するであろう．ゆえに，

$$B_{eff} \propto l \qquad (\text{CGS なら } H_{eff} \propto l)$$

となる．

　この磁場の中に，スピンによる磁気モーメントが μ_s の電子という小磁石
が置かれているのであるから，μ_s と B_{eff} との相対的な方向の違いによってエ
ネルギーが異なることになる．この効果は，ゼーマンエネルギーと同様に

$$-\mu_s \cdot B_{eff} \qquad (\text{CGS なら } \mu_s \cdot H_{eff})$$

で表される．

　スピン角運動量を s で表すと，μ_s は s に比例し，それと逆向きである．そ
の点は前節で調べた l と μ の関係と同じであるが，比例定数が前節 (6) 式と
は異なり，その 2 倍になっているのがスピンの特性である．**

$$\mu_s = -2\beta_B \frac{s}{\hbar} \qquad (1)$$

他方，B_{eff} は l に比例するから，上記のエネルギーは

$$H_{so} = \zeta(l \cdot s) \qquad (2)$$

という形に書けることがわかる．この比例定数 ζ がどんなものであるかは，
ディラックの理論から導かれるのであるが，ここでは単に正の定数と考えて
おくことにする．

---

*　いま考えているのは，アルカリ金属原子のように，価電子が 1 個の場合である．
**　さらにくわしい研究によると，2 の代りに 2.0023 とすべきであることがわかった．

この H_{so} というエネルギーの存在は, なるべく l と s を反対向きにしよう とする力となって現れる. 軌道角運動量 l とスピン角運動量 s との間のこの 相互作用を, **スピン軌道相互作用**とよぶ.

l が存在しない s 状態 ($l = 0$) では $B_{\mathrm{eff}} = 0$ であり, スピン軌道相互作用 はない. $l \neq 0$ の状態では, 前節と同様に B_{eff} によってゼーマン分裂が起こ る. 軌道運動の l による μ と外部からかけた B とによるゼーマン効果では, エネルギー準位は m (l_z の固有値を $\hbar$ で割ったもの) の異なる $2l + 1$ 個の 準位に分かれた. ところが, スペクトルでわかった分裂は 2 個になるのであ るから, s による μ_s と B_{eff} とによるゼーマン効果で $2l + 1$ に相当する量 $2s + 1$ は 2 に等しいと考えられる. これは, スピン角運動量の方位量子数に 相当するものが $s = \dfrac{1}{2}$ であるということを示している. したがって, s^2 の 固有値, すなわち s^2 を測定したときに得られる値は $l(l + 1)\hbar^2$ に対応して

$$s(s + 1)\hbar^2 = \frac{1}{2}\left(\frac{1}{2} + 1\right)\hbar^2 = \frac{3}{4}\hbar^2 \tag{3}$$

である. これは古典力学とはくい違う量子論に特有なことの 1 つであるが, 普通は

> スピンの大きさ $|s|$ は $\hbar/2$ に等しい

ということが多い.

l_z の固有値 $m\hbar(m = l, l - 1, \cdots, -l)$ に対応するのは, $\pm\dfrac{1}{2}\hbar$ の 2 つだけ である. これを $m_s\hbar$ と記したとき, $m_s = \pm\dfrac{1}{2}$ を**スピン磁気量子数**という. z としては, 磁場があればその方向を選ぶが, そうでないときには便利なよ

5-1表 正常ゼーマン効果とスピン軌道相互作用の比較

	正常ゼーマン効果	スピン軌道相互作用
磁　場	外部磁場 B	B_{eff}
磁気モーメント	$\mu = -\beta_{\mathrm{B}}l/\hbar$	$\mu_s = -2\beta_{\mathrm{B}}s/\hbar$
そのもとになる角運動量	軌道角運動量 l	スピン角運動量 s
分かれてできる準位の数	$2l + 1$	2

うにとればよいのであって，要するに，s のある１つの方向の成分を測ろうとした場合に，得られる測定値は $+\frac{1}{2}\hbar$ か $-\frac{1}{2}\hbar$ かのどちらかだけなのである．これを簡単に

$$s_z \text{ の固有値は } \pm\frac{1}{2}\hbar \text{ の２つだけである}$$

といい表しているのである．z 軸は大抵は上向きにとることが多いので，$m_s = +1/2$ の状態を**上向きスピン**，$m_s = -1/2$ の状態を**下向きスピン**の状態などと略称することが多い．しかし，このいい方は正確ではないから，誤解しないように注意してほしい．

　軌道角運動量の状態は球面調和関数 $Y_l{}^m(\theta, \phi)$ で表された．しかし，スピンはこのようには表されない．そもそも θ, ϕ は電子の位置の極座標であるが，スピンは電子の自転に相当するものであるから θ や ϕ とは関係がない．そうかといって，電子には古典力学でいう回転する球という像は原理的には成り立たず*，自転の角度のようなものを別に測定する方法もない．われわれにわかるのは，m_s が $\pm1/2$ のどちらであるか，ということだけである．そこで，$Y_l{}^m$ に対応するスピンの固有関数としては，$Y_{1/2}{}^{1/2}$ と $Y_{1/2}{}^{-1/2}$ の２つが考えられるが，変数も θ, ϕ とは違うし，整数でない l に対する $Y_l{}^m$ というものは定義されていないので，普通は $Y_{1/2}{}^{\pm1/2}$ と書くことはしない．その代り，$m_s = +1/2$ の状態を α，$m_s = -1/2$ の状態を β で表すことになっている．そうすると，§5.1 (4a), (4b) 式に対応する式は

$$s^2\alpha = \frac{3}{4}\hbar^2\alpha, \quad s^2\beta = \frac{3}{4}\hbar^2\beta \tag{4a}$$

$$s_z\alpha = \frac{1}{2}\hbar\alpha, \quad s_z\beta = -\frac{1}{2}\hbar\beta \tag{4b}$$

である．s_x, s_y（いずれも演算子）の作用がどうなるか，気になる読者もあろ

---

*　この点，水素原子を一応古典的に陽子のまわりを１つの電子が回ると考えてハミルトニアンをつくるのとは事情が異なる．

うから，ここでは天下り的に結果だけを与えておく．

$$s_x\alpha = \frac{\hbar}{2}\beta, \quad s_x\beta = \frac{\hbar}{2}\alpha \qquad (4\mathrm{c})$$

$$s_y\alpha = \frac{i\hbar}{2}\beta, \quad s_y\beta = -\frac{i\hbar}{2}\alpha \qquad (4\mathrm{d})$$

　スピンは，質量や電荷と同様に電子が本来的にもっている性質である．スピンは，こまの自転のようにその回転速度を変えることはないし，次第に自転が止んでしまうようなこともない．同様な性質をもつ粒子は他にもあり，中性子，陽子などもやはり大きさが $\hbar/2$ のスピンをもつことが知られている．

[**例題**]　(4b) ～ (4d) 式を用いて，次の交換関係を確かめよ．

$$s_x s_y - s_y s_x = i\hbar s_z, \quad s_y s_z - s_z s_y = i\hbar s_x, \quad s_z s_x - s_x s_z = i\hbar s_y \qquad (5)$$

[**解**]　α に対し $s_x s_y - s_y s_x$ を作用させると

$$
\begin{aligned}
(s_x s_y - s_y s_x)\alpha &= s_x(s_y\alpha) - s_y(s_x\alpha) = \frac{i\hbar}{2}s_x\beta - \frac{\hbar}{2}s_y\beta \\
&= \frac{i\hbar}{2}\frac{\hbar}{2}\alpha - \frac{\hbar}{2}\left(-\frac{i\hbar}{2}\right)\alpha \\
&= i\hbar\frac{\hbar}{2}\alpha
\end{aligned}
$$

β に対しても同様にして

$$(s_x s_y - s_y s_x)\beta = -i\hbar\frac{\hbar}{2}\beta$$

を得る．一方，(4b) 式により $i\hbar s_z\alpha = (i\hbar^2/2)\alpha, i\hbar s_z\beta = (-i\hbar^2/2)\beta$ であるから，α と β のどちらに対しても，$s_x s_y - s_y s_x$ を作用させた結果と，$i\hbar s_z$ を作用させた結果は等しい．ゆえに

$$s_x s_y - s_y s_x = i\hbar s_z$$

である．他の２つの交換関係に対しても全く同様である．✎

§5.3　多粒子系のシュレーディンガー方程式

　いままでは粒子が１個の場合だけを考えてきたのであるが，今度は多粒子系を考えよう．いま，N 個の粒子からできている系があるとき，古典力学で

は $3N$ 個の座標 $x_1, y_1, z_1, x_2, y_2, z_2, \cdots, x_N, y_N, z_N$ を用いて議論する．場合によっては，極座標 $r_1, \theta_1, \phi_1, \cdots$ を使ってもよい．ここではベクトルとして，まとめて $\boldsymbol{r}_1, \boldsymbol{r}_2, \cdots, \boldsymbol{r}_N$ と書くことにする．この系のハミルトニアンは

$$\mathcal{H} = \frac{1}{2m_1}\boldsymbol{p}_1{}^2 + \frac{1}{2m_2}\boldsymbol{p}_2{}^2 + \cdots + \frac{1}{2m_N}\boldsymbol{p}_N{}^2 + V(\boldsymbol{r}_1, \boldsymbol{r}_2, \cdots, \boldsymbol{r}_N) \quad (1)$$

と書かれる．$V(\boldsymbol{r}_1, \boldsymbol{r}_2, \cdots, \boldsymbol{r}_N)$ は位置のエネルギーであって，各粒子が外から受ける力（たとえば，原子内電子を扱うときに，核を固定した静電引力の中心と見るならば，電子が核から受ける力）だけでなく，粒子間相互の内力（たとえば，電子間のクーロン反発力）のポテンシャルをも含む．*

　量子力学的ハミルトニアンを得るには，$\boldsymbol{p}_j \rightarrow -i\hbar\nabla_j$ という置き換えを行えばよい．そうして得られる演算子

$$\mathcal{H} = -\sum_{j=1}^{N} \frac{\hbar^2}{2m_j}\nabla_j{}^2 + V(\boldsymbol{r}_1, \boldsymbol{r}_2, \cdots, \boldsymbol{r}_N) \quad (2)$$

の相手は，$3N$ 個の変数 $\boldsymbol{r}_1, \boldsymbol{r}_2, \cdots, \boldsymbol{r}_N$ および時間 t の関数になるであろう．その関数を $\Psi(\boldsymbol{r}_1, \boldsymbol{r}_2, \cdots, \boldsymbol{r}_N, t)$ とするとき，時間を含むシュレーディンガー方程式は

$$i\hbar \frac{\partial \Psi}{\partial t} = \mathcal{H}\Psi \quad (3)$$

で与えられる．これの解を

$$\int \cdots \int |\Psi(\boldsymbol{r}_1, \boldsymbol{r}_2, \cdots, \boldsymbol{r}_N, t)|^2 \, d\boldsymbol{r}_1 d\boldsymbol{r}_2 \cdots d\boldsymbol{r}_N = 1 \quad (4)$$

のように規格化しておけば

$$|\Psi(\boldsymbol{r}_1', \boldsymbol{r}_2', \cdots, \boldsymbol{r}_N', t)|^2 \, d\boldsymbol{r}_1 d\boldsymbol{r}_2 \cdots d\boldsymbol{r}_N \quad (5)$$

は，時刻 t に第 1 の粒子が $\boldsymbol{r}_1 = \boldsymbol{r}_1'$ を含む微小体積 $d\boldsymbol{r}_1$ 内に，第 2 の粒子が $\boldsymbol{r}_2 = \boldsymbol{r}_2'$ を含む $d\boldsymbol{r}_2$ 内に，$\cdots$，第 N 番目の粒子が $\boldsymbol{r}_N = \boldsymbol{r}_N'$ を含む $d\boldsymbol{r}_N$ 内に

---

*　磁場から受ける力（§5.1参照）のように，位置だけの関数としてのポテンシャルで表されないものもある．その場合には，それに応じた表式を用いる必要がある．ここでは，(1) 式で表されるときだけを扱う．

見出される確率を表す.

　このように多粒子系の波動関数は，普通の 3 次元空間の波ではなく，3N次元空間の波を表しているので，一般には大変に複雑である. 特に，粒子間に相互作用があって，たとえば反発力で互いによけ合っているというような**相関**があると，これを正しくとり入れることは不可能に近い. そこで，多くの場合には，いままで考えてきたような 1 個ずつの粒子の運動を表す波動関数 $\varphi(\boldsymbol{r})$ あるいは $\psi(\boldsymbol{r}, t)$ を組み合わせたものを使って，多粒子系の波動関数 $\Psi(\boldsymbol{r}_1, \boldsymbol{r}_2, \cdots, \boldsymbol{r}_N, t)$ を近似的に表す. この区別を明確にするために，1 粒子の場合には ψ, φ などの小文字を用い，N 粒子系全体の波動関数に対しては Ψ, Φ などと大文字を使うことにする. エネルギーについても，N 粒子系のときには E という文字を使うことにする.

　(3) 式の解の特別な場合は定常状態

$$\Psi(\boldsymbol{r}_1, \boldsymbol{r}_2, \cdots, \boldsymbol{r}_N, t) = \mathrm{e}^{-iEt/\hbar}\, \Phi(\boldsymbol{r}_1, \boldsymbol{r}_2, \cdots, \boldsymbol{r}_N) \tag{6}$$

である. これを (3) 式に代入すれば，時間を含まないシュレーディンガー方程式

$$\mathcal{H}\,\Phi(\boldsymbol{r}_1, \boldsymbol{r}_2, \cdots, \boldsymbol{r}_N) = E\,\Phi(\boldsymbol{r}_1, \boldsymbol{r}_2, \cdots, \boldsymbol{r}_N) \tag{7}$$

が得られる. また，(6) 式については

$$|\Psi|^2 = |\Phi|^2 \tag{8}$$

であるから，粒子の存在確率などは時間的に変化しない.

　(7) 式が，勝手な E の値に対しては物理的に意味のある解をもたず，特定の**固有値**

$$E_1, E_2, E_3, \cdots, E_n, \cdots \tag{9}$$

に対してだけ意味のある解が存在し，それらの関数

$$\Phi_1, \Phi_2, \Phi_3, \cdots, \Phi_n, \cdots \tag{10}$$

が $\mathcal{H}$ の**固有関数**とよばれることも，1 粒子の $H\varphi = \varepsilon\varphi$ の場合と全く同じである. 量子数 n は，多数の量子数の組で表されるのであるが，ここではまとめて 1 つの文字で代表させた.

[**例題**] 原子核を，固定した正の点電荷とみなして，中性の Li ($Z = 3$) 原子
に対するシュレーディンガー方程式を記せ.

[**解**] 核を原点にとる. 電子 i と j との間のクーロン斥力のポテンシャルは
$+e^2/4\pi\epsilon_0 r_{ij}$ と書ける. ただし, r_{ij} は i と j の距離

$$r_{ij} = |\boldsymbol{r}_i - \boldsymbol{r}_j| = \sqrt{(x_i - x_j)^2 + (y_i - y_j)^2 + (z_i - z_j)^2}$$

である. そうすると, 電子の質量を m, 電荷を $-e$ として

$$\mathcal{H} = -\frac{\hbar^2}{2m}(\nabla_1{}^2 + \nabla_2{}^2 + \nabla_3{}^2) - \frac{3e^2}{4\pi\epsilon_0}\left(\frac{1}{r_1} + \frac{1}{r_2} + \frac{1}{r_3}\right) + \frac{e^2}{4\pi\epsilon_0}\left(\frac{1}{r_{12}} + \frac{1}{r_{23}} + \frac{1}{r_{31}}\right)$$

(11)

がハミルトニアンである. 第1項は運動エネルギー，第2項は核からの引力のポテ
ンシャル，第3項は電子間相互のクーロン反発力のポテンシャルである. この $\mathcal{H}$
を用いて，シュレーディンガー方程式は

$$\mathcal{H}\,\Phi(\boldsymbol{r}_1, \boldsymbol{r}_2, \boldsymbol{r}_3) = E\,\Phi(\boldsymbol{r}_1, \boldsymbol{r}_2, \boldsymbol{r}_3)$$

となる. 🖋

相互作用がない場合の波動関数

粒子がたくさんあっても，相互作用がないときには，ハミルトニアンは

$$\mathcal{H} = -\frac{\hbar^2}{2m_1}\nabla_1{}^2 + V_1(\boldsymbol{r}_1) - \frac{\hbar^2}{2m_2}\nabla_2{}^2 + V_2(\boldsymbol{r}_2) - \cdots = \sum_{j=1}^{N} H_j \quad (12)$$

のように，各粒子に対するハミルトニアン

$$H_j = -\frac{\hbar^2}{2m_j}\nabla_j{}^2 + V_j(\boldsymbol{r}_j) \tag{13}$$

の和の形に表される. このときにはシュレーディンガー方程式

$$\mathcal{H}\Phi = E\Phi \tag{14}$$

の解は

$$\Phi(\boldsymbol{r}_1, \boldsymbol{r}_2, \cdots, \boldsymbol{r}_N) = \varphi(\boldsymbol{r}_1)\chi(\boldsymbol{r}_2)\cdots \tag{15}$$

のように積の形に書くことができる. (15) 式を (14) 式に代入して変数分離
を行うと，

$$H_1\,\varphi(\boldsymbol{r}_1) = \varepsilon\,\varphi(\boldsymbol{r}_1) \tag{16a}$$

$$H_2\,\chi(\boldsymbol{r}_2) = \varepsilon'\,\chi(\boldsymbol{r}_2) \tag{16b}$$

$$\cdots$$

$$E = \varepsilon + \varepsilon' + \cdots \tag{17}$$

が得られる．(16a), (16b), … 式はいずれも 1 粒子のシュレーディンガー方程式であって，これらを解いて

H_1 の固有値 $\varepsilon_1, \varepsilon_2, \cdots$ および固有関数 $\varphi_1(\boldsymbol{r}_1), \varphi_2(\boldsymbol{r}_1), \cdots$

H_2 の固有値 $\varepsilon_1', \varepsilon_2', \cdots$ および固有関数 $\chi_1(\boldsymbol{r}_2), \chi_2(\boldsymbol{r}_2), \cdots$

$$\cdots\cdots$$

を求める手続きは前章までに学んだとおりである．これらが求められれば

$$\Phi_n(\boldsymbol{r}_1, \boldsymbol{r}_2, \cdots) = \varphi_l(\boldsymbol{r}_1)\,\chi_m(\boldsymbol{r}_2)\cdots \tag{18}$$

$$E_n = \varepsilon_l + \varepsilon_m' + \cdots \tag{19}$$

によって $\mathcal{H}$ の固有関数 Φ_n と固有値 E_n が定まる.* 量子数 n は，$(l, m, \cdots)$ の 1 組をまとめて表したものであるが，$l, m, \cdots$ 自身もいくつかの数の組であることはすでに知っているとおりである．

　以上は，粒子の種類が違っていてもよい一般的な場合であるが，実際によく現れるのは，多電子系などのように，すべての粒子が同一種類のものの場合である．このときには質量は全部同じであるし，V_j の関数形も共通であるから，(13) 式は

$$H_j = -\frac{\hbar^2}{2m}\nabla_j{}^2 + V(\boldsymbol{r}_j) \tag{20}$$

となる．そうすると，(16a), (16b), … 式は変数が $\boldsymbol{r}_1, \boldsymbol{r}_2, \cdots$ となっているだけで，微分方程式としては全く同じものである．したがって，われわれは

$$\left\{-\frac{\hbar^2}{2m}\nabla^2 + V(\boldsymbol{r})\right\}\varphi(\boldsymbol{r}) = \varepsilon\,\varphi(\boldsymbol{r}) \tag{21}$$

という方程式だけを解けばよいことがわかる．これの固有値および規格化さ

　＊　文字 $n, l, m, \cdots$ を用いているが，中心力場のときの主量子数，方位量子数，磁気量子数とは別であることは明らかであろう．

れた固有関数* を $\varepsilon_1, \varepsilon_2, \cdots, \varphi_1(\boldsymbol{r}), \varphi_2(\boldsymbol{r}), \cdots$ とすれば,

$$\mathscr{H} = \sum_{j=1}^{N} \left\{ -\frac{\hbar^2}{2m} \nabla_j{}^2 + V(\boldsymbol{r}_j) \right\} \tag{22a}$$

に対するシュレーディンガー方程式

$$\mathscr{H}\, \varPhi(\boldsymbol{r}_1, \boldsymbol{r}_2, \cdots) = E\, \varPhi(\boldsymbol{r}_1, \boldsymbol{r}_2, \cdots) \tag{22b}$$

の規格化された固有関数** は

$$\varPhi(\boldsymbol{r}_1, \boldsymbol{r}_2, \cdots) = \varphi_l(\boldsymbol{r}_1)\, \varphi_{l'}(\boldsymbol{r}_2) \cdots \tag{23}$$

で与えられ,固有値は

$$E = \varepsilon_l + \varepsilon_{l'} + \cdots \tag{24}$$

と表される.

　以上でわかるように,相互作用しない粒子系の問題は,本質的には1粒子の場合と同じである.エネルギーが和になるのは当然であるが,波動関数が積の形に表されることが特徴的である.

　そこで,(15) 式または (23) 式の形の式を見たら,$\varphi, \chi, \cdots$ あるいは $\varphi_l, \varphi_{l'},$ $\cdots$ で表されるような定常的運動を"独立に"行っている粒子の集まった系を表していると考えてほしい.これを古典力学にたとえれば,太陽のまわりを回るいくつもの惑星からなる系を考え,その相互作用を無視した場合に,各惑星の描く軌道に相当するものが $\varphi, \chi, \cdots$ であると思えばよかろう.

§5.4 ハートレー近似

　相互作用をしていない多粒子系の問題は,1粒子の場合と本質的に異なることはないので,多粒子であるための困難はあまりない.面倒なのは粒子が互いに力をおよぼし合っている場合であって,古典力学でもそのような**多体問題**を解くことは,ごく限られた特殊の問題を除き,一般的には不可能である.量子力学においても事情は同じであって,厳密な解を求めることができ

---

*　$\displaystyle \int |\varphi_l(\boldsymbol{r})|^2 \, d\boldsymbol{r} = 1$

**　$\displaystyle \int \cdots \int |\varPhi(\boldsymbol{r}_1, \boldsymbol{r}_2, \cdots)|^2 \, d\boldsymbol{r}_1 \, d\boldsymbol{r}_2 \cdots = \int |\varphi_l(\boldsymbol{r}_1)|^2 \, d\boldsymbol{r}_1 \int |\varphi_{l'}(\boldsymbol{r}_2)|^2 \, d\boldsymbol{r}_2 \cdots = 1^N = 1$

る実際的な問題はほとんどないといってもよいくらいである．そこでいろい
ろな近似法が考案されているのであるが，ここでは原子の問題にまず適用さ
れて成功をおさめ，他にも広く応用されているハートレーの**つじつまの合う
場**（自己無撞着の場）の方法について考えてみることにしよう．

　話を具体的にするために，多電子原子を考える．原子番号が Z の原子核の
つくるクーロン電場 $-Ze^2/4\pi\epsilon_0 r$ を外力の場とみなし，これを $V_0(r)$ としよ
う．各電子はこれの他に，自分以外の電子からクーロン反発力を受ける．こ
れは，いわば内力である．電子はめまぐるしく動き回っているから，これを
静的な（時間変化しない）ポテンシャル $V'(r)$ のような形に書くことは不可
能である．では，それを時間的に平均してしまったらどうなるであろうか．

　いま，各電子がそれぞれ1電子波動関数 $\varphi_a(\boldsymbol{r}), \varphi_b(\boldsymbol{r}), \cdots, \varphi_n(\boldsymbol{r})$ で表される
ような運動をしている電子の系があったとする．* 　軌道 φ_a にいる電子から
見た他の電子というのは，軌道 $\varphi_b, \varphi_c, \cdots, \varphi_n$ に入って運動している電子であ
る．そのうち，たとえば軌道 φ_b にいる電子の位置を時間平均すれば，空間に
濃度 $|\varphi_b(\boldsymbol{r})|^2$ で広がる雲のようなものということになるであろう．これに
$-e$ を掛けたものは，電子1個分の電荷を，電子の存在確率に比例して空間
に分布させたものになる．このように，着目する電子以外の電子を
$-e|\varphi_b(\boldsymbol{r})|^2, -e|\varphi_c(\boldsymbol{r})|^2, \cdots, -e|\varphi_n(\boldsymbol{r})|^2$ という**電荷雲**で置き換え，それのつく
る静電場 $V'(\boldsymbol{r})$ を $V_0(r)$ に加えたものの中で，電子 $\varphi_a(\boldsymbol{r})$ は動いているのだ
と近似的に考えるのである．** 　つまり，$\varphi_a(\boldsymbol{r})$ は

$$\left\{-\frac{\hbar^2}{2m_e}\nabla^2 + V_0(r) + V'(r)\right\}\varphi_a(\boldsymbol{r}) = \varepsilon_a\,\varphi_a(\boldsymbol{r}) \tag{1}$$

の解であるとするわけである．

　ところで，φ_a をきめるには，$\varphi_b, \varphi_c, \cdots$ が既知でなくてはならず，同様にし

---

　* 　多電子系全体の波動関数 $\Phi(\boldsymbol{r}_1, \boldsymbol{r}_2, \cdots)$ と区別するため，1電子波動関数あるいは**軌道**
　　　（関数）とよぶことにする．軌道といっても，1つの曲線で表されるような古典的な
　　　ものではない．
　** 　原子の場合には，$V'(\boldsymbol{r})$ を方向で平均して $V'(r)$ にしてしまうのが普通である．

て φ_b を求めるには $\varphi_a, \varphi_c, \cdots$ を知らなければならず，…，ということになるので，実際の計算は容易でない．φ_a を求めるときには，$\varphi_b, \varphi_c, \cdots$ に適当と思われる形を仮定し，それによって一応 φ_a を求める．次に，同様にして φ_b を求め，φ_c を求め，…というように計算する．こうして求められた $\varphi_a, \varphi_b, \varphi_c, \cdots$ は最初に仮定したものとは一致しないのが普通である．そこで，仮定する関数の形を変えて計算をやりなおす．この手続きをくり返して，仮定した $\varphi_a, \varphi_b, \cdots$ と，それから求めた $\varphi_a, \varphi_b, \cdots$ とを一致させる．これが<u>つじつまの合う場</u>の方法である．こうして求めた軌道関数 $\varphi_a, \varphi_b, \cdots, \varphi_n$ からつくった

$$\Phi = \varphi_a(\boldsymbol{r}_1)\varphi_b(\boldsymbol{r}_2) \cdots \varphi_n(\boldsymbol{r}_N) \qquad (2)$$

が，このような<u>軌道の積</u>の形で近似した波動関数の中では最良のものであることも証明されている．

　このようにすると，φ_a を求めるときの $V'(\boldsymbol{r})$，φ_b を求めるときの $V'(\boldsymbol{r})$，…は同じものではなくなる．ところが，§5.6 で述べる電子の統計的性質のために，上記の電荷雲による力の他に，交換相互作用という名の余分な力がはたらくので，それを考慮すると，平均場 $V'(\boldsymbol{r})$ はすべての電子に共通でよいことが示される．ただし，その力は $V'(\boldsymbol{r})$ のような位置の関数としてのポテンシャルでは正しく表すことができない妙な力である．しかし，それでは計算に困るので，ポテンシャルで近似する方法が考案されている．そういった細かい話はここでは省いて，とにかく，他の電子の影響を，すべての電子に共通な中心力ポテンシャル $V'(r)$ で近似的に表すことができるということだけを強調しておこう．そうすると

$$V(r) = V_0(r) + V'(r) \qquad (3)$$

として，前節の終りのところ（126〜127 ページ）で述べた相互作用のない多電子系の問題と同様な扱いができることになる．

　ただし，**ハートレーの方程式**とよばれる (1) 式 —— $\varphi_b, \varphi_c, \cdots, \varphi_n$ についても同じ形 —— から得られた固有値 $\varepsilon_a, \varepsilon_b, \cdots, \varepsilon_n$ は，それぞれの軌道のエネルギー（その軌道から原子の外へ電子をとり出すのに必要なエネルギー（137 ページ

の 5-4 表に例を示す）と考えてよいが，系全体のエネルギー E の絶対値（束縛状態では $E < 0$ だから）は，近似的にもこれらの和には等しくない．

$$E \neq \varepsilon_a + \varepsilon_b + \cdots + \varepsilon_n \qquad (4)$$

なぜなら，この式の右辺には電子間の相互作用のエネルギーが二重に勘定に入っているからである．

ハートレーの方法の具体的な手続きは面倒であるが，この "考え方" は原子だけでなく，他の場合にも広く用いられている．

§5.5 原子構造と元素の周期律

水素原子で大成功をおさめた波動力学は，続いて 2 個以上の電子をもつ原子やイオンにも適用された．しかし，電子が 2 個以上のときには，電子間のクーロン斥力という厄介なものがあるので，正確な波動関数や固有値を求めることは至難である．太陽系の惑星の場合には，各惑星が太陽から受ける引力は，他の惑星からの引力に比べると圧倒的に大きいので，相互作用を省略しても十分に精密な計算が可能である．ところが，原子の場合には電子間の反発力の大きさは，原子核からの引力に比べて無視できるほど小さくはなく，同程度である．したがって，何らかの方法で電子間の相互作用をとり入れなくてはならない．これに最も成功したのが，前節で述べたハートレーのつじつまの合う場の方法である．

そうすると，たとえば原子番号が Z の中性原子の場合に，着目した 1 個の電子は，原子核（電気量 Ze の点電荷）とそれを包む電気量 $-(Z-1)e$ の負電荷の雲がつくる電場の中で運動することになる．Z 個の電子のそれぞれにこの考えを適用すると，その運動状態を表す波動関数が定まるはずであるから，それを $\varphi_a, \varphi_b, \cdots, \varphi_z$ とすると，これらはクーロン力からはずれたポテンシャル $V(r)$ の中で動く 1 個の電子の問題の波動方程式

$$\left\{ -\frac{\hbar^2}{2m_e} \nabla^2 + V(r) \right\} \varphi(\boldsymbol{r}) = \varepsilon \, \varphi(\boldsymbol{r})$$

の解になる．中心力場の場合に $\varphi(\boldsymbol{r})$ が $R_{nl}(r) Y_l{}^m(\theta, \phi)$ の形に表され，1s, 2s, 2p, 3s, 3p, 3d, … という記号および磁気量子数 m とで指定されることは §3.5 で知ったとおりである．* また，中心力はクーロン力ではないから，軌道のエネルギー固有値は n と l の両方に関係する．

　さて，このようにして原子構造を考察してみると，元素の周期律を説明するためには，次のパウリ** の原理が必要であることがわかった．

> 原子内の電子の振舞を，いろいろな軌道内をそれぞれ独立に動くものと近似的に考えた場合に，同一の軌道に入りうる電子の数は 2 個までに限られる．

　よく調べてみると，この 2 個というのはスピンが α のものと β のものでなければならないことが明らかになった．したがって，n, l, m で軌道運動の状態を指定し，$m_s = \pm 1/2$ でスピンの状態を指定するならば，

> 2 個またはそれ以上の電子が n, l, m, m_s の同じ（1 電子）状態を占めることは許されない

ということになる．これを**パウリの原理**または**排他律**とよぶ．

　さて，ε_{nl} の値は原子ごとに計算してみなければわからないのであるが，傾向は水素原子の場合に似ている．まず n によって大きく分けられ，n の値の順に次第に高くなる．同じ n の中では，l の大きいものほど ε_{nl} は高い．したがって，1s 軌道のエネルギーが最低であり，その $|\varphi_{1s}(\boldsymbol{r})|^2$ の値は核のごく近くでのみ 0 と異なる．次に低いのは 2s で，$|\varphi_{2s}(\boldsymbol{r})|^2$ が大きい値をとるのは

---

* 　　$V(r)$ はクーロン場ではないが，量子数の番号のつけ方は水素原子の場合と同じにする．

** 　Wolfgang Pauli (1900 - 1958) はオーストリアに生まれスイスで活躍した理論物理学者．1924 年にパウリの原理を発見，1945 年にノーベル物理学賞を受けた．一般に理論物理学者は実験装置をよくこわすものであるが，Pauli は非常に優秀な理論家だったので，彼が近くに来るだけで装置の具合がわるくなったと言われる．これを**パウリ効果**という．

1s よりも外側である．2p がこれと大体重なり，エネルギーも大体 2s に近い．そのもう一つ外側に 3s, 3p, 3d の領域があるが，3d のエネルギーはそれよりも外側の 4s よりも低い，… というようになる．

　原子またはイオンの基底状態を考えると，パウリの原理の許す限り，電子はなるべくエネルギーの低い軌道に入ろうとする．そこで，たとえば $Z = 8$ の酸素の中性原子では，8 個の電子のうちの 2 個が 1s（スピン α と β）に，次の 2 個が 2s（スピン α と β）におさまり，残り 4 個が 2p（定員 6）に入ることになる．このように電子がおさまっていることを $1s^2 2s^2 2p^4$ のように表し，これを**電子配置**という．

　1s に入った電子の行動範囲は，原子核を包む一番内側にあり，これを **K 殻**とよぶ．1s に 2 個入れば K 殻は満員になるので，1s は**閉殻**になったという．その外側を包む 2s, 2p を総称して **L 殻**の軌道とよぶ．L 殻の定員は 8 であるから，電子が 10 個（Ne の中性原子，Na^+, Mg^{2+}, F^-, O^{2-} など）のとき $1s^2 2s^2 2p^6$ となって，K 殻も L 殻も閉殻となる．次の **M 殻**（3s, 3p, 3d）のうちで，3d はエネルギーが高いので，電子が 18 個で $3s^2 3p^6$ までいっぱいになった Ar, K^+, Ca^{2+}, Cl^-, S^{2-} の性質は，電子が 10 個の場合の対応する原子やイオンとよく似ている．19 番目，20 番目の電子は 4s に入り，その次の 21 番目から 3d に入るようになる．このように外側の 4s には電子が入っているのに，それより内側の M 殻の 3d が空いている**不完全殻**であるような元素が鉄族の**遷移金属**である．同様なことは 4d（パラジウム族），5d（白金族）でも起こる．f 軌道でも同じことがあって，不完全 4f 殻をもつランタノイド，5f 殻をもつアクチノイドが周期表からはみ出す．

　閉殻 $1s^2$, $2s^2 2p^6$，あるいはそれに準ずる $3s^2 3p^6$, $4s^2 4p^6$ 等は非常に安定であって，原子はなるべくこのような構造をとりたがる．中性原子がこの構造をもつ He, Ne, Ar, Kr, … が安定で化合物をつくらない希ガスになっているのは，このためである．また，それより 1 個電子が余分なアルカリ金属は，その余分な電子を放り出して 1 価の陽イオン Li^+, Na^+, K^+, … になろうとす

5-2表 各元素の中性原子の電子配置 (1)

	K	L		M			N				O				P			Q
	1s	2s	2p	3s	3p	3d	4s	4p	4d	4f	5s	5p	5d	5f	6s	6p	6d	7s
1H	1																	
2He	2																	
3Li	2	1																
4Be	2	2																
5B	2	2	1															
6C	2	2	2															
7N	2	2	3															
8O	2	2	4															
9F	2	2	5															
10Ne	2	2	6															
11Na	2	2	6	1														
12Mg	2	2	6	2														
13Al	2	2	6	2	1													
14Si	2	2	6	2	2													
15P	2	2	6	2	3													
16S	2	2	6	2	4													
17Cl	2	2	6	2	5													
18Ar	2	2	6	2	6													
19K	2	2	6	2	6		1											
20Ca	2	2	6	2	6		2											
21Sc	2	2	6	2	6	1	2											
22Ti	2	2	6	2	6	2	2											
23V	2	2	6	2	6	3	2											
24Cr	2	2	6	2	6	5	1											
25Mn	2	2	6	2	6	5	2											
26Fe	2	2	6	2	6	6	2											
27Co	2	2	6	2	6	7	2											
28Ni	2	2	6	2	6	8	2											
29Cu	2	2	6	2	6	10	1											
30Zn	2	2	6	2	6	10	2											
31Ga	2	2	6	2	6	10	2	1										
32Ge	2	2	6	2	6	10	2	2										
33As	2	2	6	2	6	10	2	3										
34Se	2	2	6	2	6	10	2	4										
35Br	2	2	6	2	6	10	2	5										
36Kr	2	2	6	2	6	10	2	6										
37Rb	2	2	6	2	6	10	2	6			1							
38Sr	2	2	6	2	6	10	2	6			2							
39Y	2	2	6	2	6	10	2	6	1		2							
40Zr	2	2	6	2	6	10	2	6	2		2							
41Nb	2	2	6	2	6	10	2	6	4		1							
42Mo	2	2	6	2	6	10	2	6	5		1							
43Tc	2	2	6	2	6	10	2	6	5		2							
44Ru	2	2	6	2	6	10	2	6	7		1							
45Rh	2	2	6	2	6	10	2	6	8		1							
46Pd	2	2	6	2	6	10	2	6	10									
47Ag	2	2	6	2	6	10	2	6	10		1							
48Cd	2	2	6	2	6	10	2	6	10		2							
49In	2	2	6	2	6	10	2	6	10		2	1						
50Sn	2	2	6	2	6	10	2	6	10		2	2						
51Sb	2	2	6	2	6	10	2	6	10		2	3						

各元素の中性原子の電子配置 (2)

	K	L		M			N				O				P			Q
	1s	2s	2p	3s	3p	3d	4s	4p	4d	4f	5s	5p	5d	5f	6s	6p	6d	7s
52Te	2	2	6	2	6	10	2	6	10		2	4						
53I	2	2	6	2	6	10	2	6	10		2	5						
54Xe	2	2	6	2	6	10	2	6	10		2	6						
55Cs	2	2	6	2	6	10	2	6	10		2	6			1			
56Ba	2	2	6	2	6	10	2	6	10		2	6			2			
57La	2	2	6	2	6	10	2	6	10		2	6	1		2			
58Ce	2	2	6	2	6	10	2	6	10	2	2	6			2			
59Pr	2	2	6	2	6	10	2	6	10	3	2	6			2			
60Nd	2	2	6	2	6	10	2	6	10	4	2	6			2			
61Pm	2	2	6	2	6	10	2	6	10	5	2	6			2			
62Sm	2	2	6	2	6	10	2	6	10	6	2	6			2			
63Eu	2	2	6	2	6	10	2	6	10	7	2	6			2			
64Gd	2	2	6	2	6	10	2	6	10	7	2	6	1		2			
65Tb	2	2	6	2	6	10	2	6	10	9	2	6			2			
66Dy	2	2	6	2	6	10	2	6	10	10	2	6			2			
67Ho	2	2	6	2	6	10	2	6	10	11	2	6			2			
68Er	2	2	6	2	6	10	2	6	10	12	2	6			2			
69Tm	2	2	6	2	6	10	2	6	10	13	2	6			2			
70Yb	2	2	6	2	6	10	2	6	10	14	2	6			2			
71Lu	2	2	6	2	6	10	2	6	10	14	2	6	1		2			
72Hf	2	2	6	2	6	10	2	6	10	14	2	6	2		2			
73Ta	2	2	6	2	6	10	2	6	10	14	2	6	3		2			
74W	2	2	6	2	6	10	2	6	10	14	2	6	4		2			
75Re	2	2	6	2	6	10	2	6	10	14	2	6	5		2			
76Os	2	2	6	2	6	10	2	6	10	14	2	6	6		2			
77Ir	2	2	6	2	6	10	2	6	10	14	2	6	7		2			
78Pt	2	2	6	2	6	10	2	6	10	14	2	6	9		1			
79Au	2	2	6	2	6	10	2	6	10	14	2	6	10		1			
80Hg	2	2	6	2	6	10	2	6	10	14	2	6	10		2			
81Tl	2	2	6	2	6	10	2	6	10	14	2	6	10		2	1		
82Pb	2	2	6	2	6	10	2	6	10	14	2	6	10		2	2		
83Bi	2	2	6	2	6	10	2	6	10	14	2	6	10		2	3		
84Po	2	2	6	2	6	10	2	6	10	14	2	6	10		2	4		
85At	2	2	6	2	6	10	2	6	10	14	2	6	10		2	5		
86Rn	2	2	6	2	6	10	2	6	10	14	2	6	10		2	6		
87Fr	2	2	6	2	6	10	2	6	10	14	2	6	10		2	6		1
88Ra	2	2	6	2	6	10	2	6	10	14	2	6	10		2	6		2
89Ac	2	2	6	2	6	10	2	6	10	14	2	6	10		2	6	1	2
90Th	2	2	6	2	6	10	2	6	10	14	2	6	10		2	6	2	2
91Pa	2	2	6	2	6	10	2	6	10	14	2	6	10	2	2	6	1	2
92U	2	2	6	2	6	10	2	6	10	14	2	6	10	3	2	6	1	2
93Np	2	2	6	2	6	10	2	6	10	14	2	6	10	4	2	6	1	2
94Pu	2	2	6	2	6	10	2	6	10	14	2	6	10	5	2	6	1	2
95Am	2	2	6	2	6	10	2	6	10	14	2	6	10	6	2	6	1	2
96Cm	2	2	6	2	6	10	2	6	10	14	2	6	10	7	2	6	1	2
97Bk	2	2	6	2	6	10	2	6	10	14	2	6	10	8	2	6	1	2
98Cf	2	2	6	2	6	10	2	6	10	14	2	6	10	10	2	6		2
99Es	2	2	6	2	6	10	2	6	10	14	2	6	10	11	2	6		2
100Fm	2	2	6	2	6	10	2	6	10	14	2	6	10	12	2	6		2
101Md	2	2	6	2	6	10	2	6	10	14	2	6	10	13	2	6		2
102No	2	2	6	2	6	10	2	6	10	14	2	6	10	14	2	6		2
103Lr	2	2	6	2	6	10	2	6	10	14	2	6	10	14	2	6	1	2

5-3表　元素の周期表
上側の数字は原子量、下側の数字は原子番号を示す.
原子量がかっこ内に入っている元素は天然に存在しない
人工放射性元素. かっこ内の数値は同位体のうちで代表
的な同位体の質量数を示す. Rf 以降の元素の周期表の
位置は暫定的である.

1	2	3	4	5	6	7	8	9	10	11	12	13	14	15	16	17	18
1.008 H 1																	4.003 He 2
6.941 Li 3	9.012 Be 4											10.81 B 5	12.01 C 6	14.01 N 7	16.00 O 8	19.00 F 9	20.18 Ne 10
22.99 Na 11	24.31 Mg 12											26.98 Al 13	28.09 Si 14	30.97 P 15	32.07 S 16	35.45 Cl 17	39.95 Ar 18
39.10 K 19	40.08 Ca 20	44.96 Sc 21	47.87 Ti 22	50.94 V 23	52.00 Cr 24	54.94 Mn 25	55.85 Fe 26	58.93 Co 27	58.69 Ni 28	63.55 Cu 29	65.38 Zn 30	69.72 Ga 31	72.63 Ge 32	74.92 As 33	78.97 Se 34	79.90 Br 35	83.80 Kr 36
85.47 Rb 37	87.62 Sr 38	88.91 Y 39	91.22 Zr 40	92.91 Nb 41	95.95 Mo 42	(99) Tc 43	101.1 Ru 44	102.9 Rh 45	106.4 Pd 46	107.9 Ag 47	112.4 Cd 48	114.8 In 49	118.7 Sn 50	121.8 Sb 51	127.6 Te 52	126.9 I 53	131.3 Xe 54
132.9 Cs 55	137.3 Ba 56	* 57~71	178.5 Hf 72	180.9 Ta 73	183.8 W 74	186.2 Re 75	190.2 Os 76	192.2 Ir 77	195.1 Pt 78	197.0 Au 79	200.6 Hg 80	204.4 Tl 81	207.2 Pb 82	209.0 Bi 83	(210) Po 84	(210) At 85	(222) Rn 86
(223) Fr 87	(226) Ra 88	** 89~103	(267) Rf 104	(268) Db 105	(271) Sg 106	(272) Bh 107	(277) Hs 108	(276) Mt 109	(281) Ds 110	(280) Rg 111	(285) Cn 112	(278) Nh 113	(289) Fl 114	(289) Mc 115	(293) Lv 116	(293) Ts 117	(294) Og 118

＊ ランタノイド

138.9 La 57	140.1 Ce 58	140.9 Pr 59	144.2 Nd 60	(145) Pm 61	150.4 Sm 62	152.0 Eu 63	157.3 Gd 64	158.9 Tb 65	162.5 Dy 66	164.9 Ho 67	167.3 Er 68	168.9 Tm 69	173.0 Yb 70	175.0 Lu 71

＊＊ アクチノイド

(227) Ac 89	232.0 Th 90	231.0 Pa 91	238.0 U 92	(237) Np 93	(239) Pu 94	(243) Am 95	(247) Cm 96	(247) Bk 97	(252) Cf 98	(252) Es 99	(257) Fm 100	(258) Md 101	(259) No 102	(262) Lr 103

5-4 表　Rb の電子エネルギーのハートレー法による計算値と
X 線スペクトル項の比較. エネルギーの単位は電子ボルト (eV).
かっこ内の数値は他の元素の測定値をもとにして内挿法で求め
た推定値.

電　子	ハートレー計算値	X 線測定値
1s	14997	15229
2s	1962	2068
2p	1799	1864
3s	289.5	(322)
3p	226.4	237
3d	114.3	(113)
4s	36.8	(31)
4p	21.6	19.9

る傾向が強いし, 逆に 1 個足りないハロゲン族元素の原子は他から 1 個の電子を奪いとって 1 価の負イオン F^-, Cl^-, Br^-, … になる傾向がいちじるしい. このように, 元素の化学的性質はその最外殻の電子配置によってきまり, 似たような配置が Z の数とともに周期的に現れるので, 元素の周期律が説明される.

　この種の計算の精度を示すために, Rb に対するハートレーの 1 電子エネルギー $\varepsilon_a, \varepsilon_b, \cdots$ の計算値と, 実験値とを 5-4 表にして示しておく. $\varepsilon_a, \varepsilon_b, \cdots$ はそれぞれ軌道 $\varphi_a, \varphi_b, \cdots$ に入っている電子をその原子からとり出すのに必要なエネルギー (イオン化エネルギー) にほぼ等しい. 内殻電子をたたき出すのに必要な $h\nu$ の波長は X 線の領域に入るので, このようなエネルギーは X 線吸収スペクトルの観測で得られる.

§5.6　フェルミ粒子とボース粒子

　さしあたりスピンを考えないことにすると, 多粒子系の場合に, 粒子間に相互作用がないか, あってもこれをハートレー的に静的なポテンシャルの形で近似的にとり入れるならば, 全系の波動関数 Φ は 1 粒子の軌道関数の積と

して

$$\Phi(\boldsymbol{r}_1, \boldsymbol{r}_2, \cdots, \boldsymbol{r}_N) = \varphi_a(\boldsymbol{r}_1)\,\varphi_b(\boldsymbol{r}_2)\cdots\varphi_n(\boldsymbol{r}_N) \tag{1}$$

のように表される.

ところで, 粒子がすべて同種の場合に問題になるのは, $\boldsymbol{r}_1, \boldsymbol{r}_2, \cdots$ の右下に
つけた粒子の番号である. 粒子は本来全く区別がつけられないものなのであ
るから, そのどれを 1 とし, どれを 2 とするか … ということは全く勝手で
ある. そうすると, N 個の φ の積を

$$\varphi_a(\quad)\varphi_b(\quad)\cdots\varphi_n(\quad) \tag{2}$$

と書いておいて, この N 個の ( ) の中に N 個の $\boldsymbol{r}_j\,(j = 1, 2, \cdots, N)$ をどう
いう順序で入れたものも, それらはすべて (1) 式と同じ資格をもつはずであ
る. 相互作用がなくて (1) 式が $\mathcal{H}\Phi = E\Phi$ の正しい解ならば, $\boldsymbol{r}_j$ を入れ換え
たものも同じ固有値 E に対する正しい固有関数である. (1) 式が近似解な
らば, $\boldsymbol{r}_j$ を入れ換えたものも同じ精度の近似解である. いま, $\varphi_a, \varphi_b, \cdots$ が皆
異なる関数であるとすると, $\boldsymbol{r}_1, \boldsymbol{r}_2, \cdots, \boldsymbol{r}_N$ をいろいろに置き換えて得られる
$N!$ 通りの順列で (2) 式のかっこ内をうめて得られる関数はすべて違う関数
である. そのうちの 1 個に過ぎない (1) 式を考えるだけで, その他の
$N! - 1$ 個を考慮しなくてもかまわないのだろうか.

しばらく, 相互作用がなくて (1) 式が正しい固有関数である場合を考えよ
う. $\varphi_a, \varphi_b, \cdots$ が全部異なるときには, $N!$ 個の異なる関数がすべて同じ
$\mathcal{H}\Phi = E\Phi$ を満たすのであるから, これを全部考えることにすると, この準
位は $N!$ 重に縮退していることになる.

簡単のために, 粒子が 2 個の場合を考えると, たとえば $\varphi_a(\boldsymbol{r}_1)\varphi_b(\boldsymbol{r}_2)$ と
$\varphi_a(\boldsymbol{r}_2)\varphi_b(\boldsymbol{r}_1)$ は縮退していることになる. そうすると, この 2 つだけでなく,
それらの 1 次結合

$$\Phi(\boldsymbol{r}_1, \boldsymbol{r}_2) = C_1\,\varphi_a(\boldsymbol{r}_1)\varphi_b(\boldsymbol{r}_2) + C_2\,\varphi_b(\boldsymbol{r}_1)\varphi_a(\boldsymbol{r}_2) \tag{3}$$

も同じ固有値をもつ固有関数である. $\varphi_a(\boldsymbol{r})$ と $\varphi_b(\boldsymbol{r})$ が規格化され, 互いに
直交するならば

$$\iint |\varPhi|^2\, d\boldsymbol{r}_1\, d\boldsymbol{r}_2 = |C_1|^2 \int |\varphi_a(\boldsymbol{r}_1)|^2\, d\boldsymbol{r}_1 \int |\varphi_b(\boldsymbol{r}_2)|^2\, d\boldsymbol{r}_2$$

$$+ \, C_1{}^* C_2 \int \varphi_a{}^*(\boldsymbol{r}_1)\, \varphi_b(\boldsymbol{r}_1)\, d\boldsymbol{r}_1 \int \varphi_b{}^*(\boldsymbol{r}_2)\, \varphi_a(\boldsymbol{r}_2)\, d\boldsymbol{r}_2$$

$$+ \, C_2{}^* C_1 \int \varphi_b{}^*(\boldsymbol{r}_1)\, \varphi_a(\boldsymbol{r}_1)\, d\boldsymbol{r}_1 \int \varphi_a{}^*(\boldsymbol{r}_2)\, \varphi_b(\boldsymbol{r}_2)\, d\boldsymbol{r}_2$$

$$+ \, |C_2|^2 \int |\varphi_b(\boldsymbol{r}_1)|^2\, d\boldsymbol{r}_1 \int |\varphi_a(\boldsymbol{r}_2)|^2\, d\boldsymbol{r}_2$$

$$= |C_1|^2 + |C_2|^2$$

となるから

$$|C_1|^2 + |C_2|^2 = 1 \tag{4}$$

のように C_1, C_2 をとっておけば，(3) 式は規格化されていることになる．

シュレーディンガー方程式の解としてだけならば，上記のような縮退 ——
交換縮退という —— が存在してもよいのであるが，ここに

同種の微視的粒子は本質的に区別がつけられない

という要請がつけ加えられ，自然界で許される固有関数は次の性質を満たす
ものだけに制限されていることがわかり，交換縮退は存在しないことが明ら
かになったのである．

一般に同種類の粒子 N 個からできている系の波動関数として許される
ものは，シュレーディンガー方程式の解のうち，次の要請を満たすもの
に限られる．

　(i) 粒子が**フェルミ粒子**とよばれる種類のものの場合には，任意の
2粒子の交換に対して符号を変える**反対称**なもの．

　(ii) 粒子が**ボース粒子**とよばれるものの場合には，任意の2粒子の
交換に対して不変のもの．

相互作用のない2粒子系の場合について考えてみると，(3) 式において粒

子を交換すると

$$\Phi(\boldsymbol{r}_2, \boldsymbol{r}_1) = C_1\,\varphi_a(\boldsymbol{r}_2)\,\varphi_b(\boldsymbol{r}_1) + C_2\,\varphi_b(\boldsymbol{r}_2)\,\varphi_a(\boldsymbol{r}_1) \tag{3$'$}$$

が得られるが，（i）のフェルミ粒子のときには

$$\Phi(\boldsymbol{r}_2, \boldsymbol{r}_1) = -\Phi(\boldsymbol{r}_1, \boldsymbol{r}_2)$$

でなくてはならないのであるから，(3) 式と (3)$'$ 式より

$$C_1 = -C_2$$

を得る．これと (4) 式より

$$C_1 = -C_2 = \frac{1}{\sqrt{2}}$$

とすればよいことがわかる．ゆえに（i）の要請にかなう波動関数は

$$\Phi_{\mathrm{F}}(\boldsymbol{r}_1, \boldsymbol{r}_2) = \frac{1}{\sqrt{2}}\{\varphi_a(\boldsymbol{r}_1)\,\varphi_b(\boldsymbol{r}_2) - \varphi_b(\boldsymbol{r}_1)\,\varphi_a(\boldsymbol{r}_2)\} \tag{5}$$

である．これは，行列式を用いて

$$\Phi_{\mathrm{F}}(\boldsymbol{r}_1, \boldsymbol{r}_2) = \frac{1}{\sqrt{2}}\begin{vmatrix} \varphi_a(\boldsymbol{r}_1) & \varphi_b(\boldsymbol{r}_1) \\ \varphi_a(\boldsymbol{r}_2) & \varphi_b(\boldsymbol{r}_2) \end{vmatrix} \tag{5$'$}$$

と書くこともできる．

　（ii）のボース粒子のときには，$\Phi(\boldsymbol{r}_1, \boldsymbol{r}_2) = \Phi(\boldsymbol{r}_2, \boldsymbol{r}_1)$ でなくてはならないので，φ_a と φ_b が異なるときには

$$\Phi_{\mathrm{B}}(\boldsymbol{r}_1, \boldsymbol{r}_2) = \frac{1}{\sqrt{2}}\{\varphi_a(\boldsymbol{r}_1)\,\varphi_b(\boldsymbol{r}_2) + \varphi_b(\boldsymbol{r}_1)\,\varphi_a(\boldsymbol{r}_2)\} \tag{6}$$

が求める関数である．

　φ_a と φ_b が同じときには $\Phi(\boldsymbol{r}_1, \boldsymbol{r}_2) = \varphi_a(\boldsymbol{r}_1)\,\varphi_a(\boldsymbol{r}_2)$ は交換に対して不変であるから，そのままボース粒子系の関数になっている．しかし，(5) 式で $a = b$ とすると消えてしまうことからわかるように，交換に対して反対称な関数はつくれない．

　N 個（3 個以上）のフェルミ粒子の場合に，(2) 式からつくられて（i）を満たす関数として可能なのは

$$\Phi_{\mathrm{F}}(\boldsymbol{r}_1, \boldsymbol{r}_2, \cdots, \boldsymbol{r}_N) = \frac{1}{\sqrt{N!}} \begin{vmatrix} \varphi_a(\boldsymbol{r}_1) & \varphi_b(\boldsymbol{r}_1) & \cdots & \varphi_n(\boldsymbol{r}_1) \\ \varphi_a(\boldsymbol{r}_2) & \varphi_b(\boldsymbol{r}_2) & \cdots & \varphi_n(\boldsymbol{r}_2) \\ & & \cdots\cdots & \\ \varphi_a(\boldsymbol{r}_N) & \varphi_b(\boldsymbol{r}_N) & \cdots & \varphi_n(\boldsymbol{r}_N) \end{vmatrix} \tag{7}$$

という組合せだけであることがスレイター* によって示された．この (7)
式のような関数を**スレイター行列式**という．この式で任意の2つの $\boldsymbol{r}_i$ と $\boldsymbol{r}_j$
を交換するということは，行列式の i 行目と j 行目を入れ換えるということ
であり，行列式の性質により，このとき Φ_{F} は確かに符号を変えるから，要請
（i）を満たしている．

　実際には，フェルミ粒子とよばれる粒子はすべて，電子と同様にスピンを
もつ．普通に扱うフェルミ粒子は電子と同じくスピンが $1/2$ であるから，状
態としては軌道運動の他にスピンが α か β かを区別する必要がある．そう
すると，スレイター行列式はたとえば

$$\Phi_{\mathrm{F}} = \frac{1}{\sqrt{N!}} \begin{vmatrix} \varphi_a(\boldsymbol{r}_1)\alpha_1 & \varphi_a(\boldsymbol{r}_1)\beta_1 & \varphi_b(\boldsymbol{r}_1)\alpha_1 & \cdots \\ \varphi_a(\boldsymbol{r}_2)\alpha_2 & \varphi_a(\boldsymbol{r}_2)\beta_2 & \varphi_b(\boldsymbol{r}_2)\alpha_2 & \cdots \\ & & \cdots\cdots & \\ \varphi_a(\boldsymbol{r}_N)\alpha_N & \varphi_a(\boldsymbol{r}_N)\beta_N & \varphi_b(\boldsymbol{r}_N)\alpha_N & \cdots \end{vmatrix}$$

のようになる．スレイター行列式で注目すべきことは，2つの列が等しいと
それが恒等的に0になってしまうことである．2つの列が一致するというこ
とは，フェルミ粒子を収容する1粒子状態に，スピンまで含めて同じものが
2つあると仮定することである．そのとき $\Phi_{\mathrm{F}} = 0$ になるということは，ス
ピンまで含めて同じ状態を2個（あるいはそれ以上）の粒子がとることは許
されないことを意味する．したがって，これは前節で述べたパウリの原理に
他ならない．このように，パウリの原理は多数のフェルミ粒子からできてい
る系の波動関数が粒子の交換に関して反対称でなければならない，という要
請の結果として導かれるものである．相互作用がある場合にも，ハートレー

---

　*　J.C.Slater（1900 - 1976）はアメリカの理論物理学者．原子，分子，固体の量子論に
　　関して数多くの業績をあげている．

式に考えて Φ を φ の積で表すときには，単なる積ではなく，対称化または反対称化したものを用いねばならないことは同様である．

> **［例題］**　φ_a と φ_b が規格化されてはいるが互いに直交はしていないときに，(3) 式の関数を規格化し，かつ対称化または反対称化せよ．簡単のため，φ_a も φ_b も実数とする．

［解］ $\int \varphi_a{}^*(\boldsymbol{r})\,\varphi_b(\boldsymbol{r})\,d\boldsymbol{r} = \int \varphi_b{}^*(\boldsymbol{r})\,\varphi_a(\boldsymbol{r})\,d\boldsymbol{r} = S$ とする.*　（反）対称化のためには C_1 も C_2 も実数にとって十分であるから，(3) 式より

$$\iint |\Phi|^2\, d\boldsymbol{r}_1\, d\boldsymbol{r}_2 = C_1{}^2 + C_2{}^2 + 2C_1 C_2 S^2 = 1$$

とすれば規格化の条件は満足される．対称または反対称の条件が $C_1 = \pm C_2$ になることは前と同様であるから，上は

$$C_1{}^2 + C_2{}^2 + 2C_1 C_2 S^2 = 2C_1{}^2(1 \pm S^2) = 1$$

となり，これより

$$C_1 = \pm C_2 = \frac{1}{\sqrt{2(1 \pm S^2)}}$$

が得られる．ゆえに，求める関数は

$$\Phi_\pm = \frac{\varphi_a(\boldsymbol{r}_1)\,\varphi_b(\boldsymbol{r}_2) \pm \varphi_b(\boldsymbol{r}_1)\,\varphi_a(\boldsymbol{r}_2)}{\sqrt{2(1 \pm S^2)}}$$

§5.7　水素分子

　量子力学によって原子の諸性質や周期律が明快に説明されるようになったのは大成功であるが，次に問題となったのは，これらの原子が結合して分子や固体をつくる機構であった．量子力学はこの方面でも着々と成果をあげ，古典物理学では説明のつかなかった現象が次々と説明を与えられ，今日，物性論という名で総称される広大な分野が開拓された．

　この節ではその最初の一歩ともいうべき水素分子の理論を概観する．2 つの水素原子がなぜ結合して H_2 となるのか，なぜ H_3 などにはなりにくいのか，というようなことは古典物理学では全く説明ができない．量子力学を用

---

* 　この S のことを φ_a と φ_b の間の**重なりの積分**または単に**重なり**という．

いてこの結合の理由をはじめて明らかにしたのは, ハイトラー* とロンドン** である (1927 年). これによって化学で**共有結合**とよばれるものの正体が明らかになり, 同様の方法は他の分子にも広く適用されるようになった. ここでは彼らのやり方とは少し異なる方法で, この問題に入ることにする.

§5.4 で考えたハートレー近似の考え方を分子に適用してみよう. 2 つの H 原子の核 (陽子) を距離 R だけ離れた 2 点に固定したと考え, ここに 1 個の電子をもってきたとする. 2 つの陽子 (a, b とする) が電子におよぼす引力は等しいから, 電子は特に一方の陽子の近くだけに偏在することはなく, a の近くに行ったり b の近くに行ったりしているであろう. したがって, この 2 中心 1 電子問題に対するシュレーディンガー方程式を解いたとすると, 最低エネルギーの波動関数 $\varphi'(r)$ として 5-5 図のようなものが得られるであ

ろう. このときの波動関数は, 線分 ab の垂直二等分面に関して対称的 (ちょうど鏡にうつしたようになっている) か反対称的 (鏡にうつして符号を変える) かのどちらかになっているはずであり, 最低エネルギーのものは対称的であるべきことが示される. われわれは, この $\varphi'(r)$ に第 1 の電子を収容して $\varphi'(r_1)$ を得る.

次に, 第 2 の電子をここにもち込んだとする. ハートレー式に考えると, 相手 (第 1) の電子からの力は平均で置き換えるのであるから, 2 つの点電荷 e (核 a と b) と, 負電荷

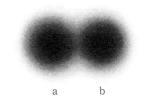

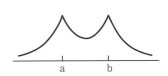

5-5 図 H_2^+ の波動関数. 上の図は $|\varphi'(r)|^2$ を表し, 下の図は分子軸上における $\varphi'(r)$ の値を示す.

---

* Walter Heitler (1904 - 1981) はドイツ生まれの理論物理学者. 著書 *Quantum Theory of Radiation* (輻射の量子論) は, この分野の標準的教科書として有名.

** Fritz London (1900 - 1954) ドイツ - アメリカの理論物理学者. 極低温物理学にもすぐれた仕事を残している.

$-e$ を雲のように分布させて a と b を包んだものがつくる電場の中を運動することになる．このような電場に対するシュレーディンガー方程式の解も同様である．ただし，正電荷が一部分 負電荷の雲で遮蔽されているために，電子を引きつける力が弱まっているから，前の場合よりも波動関数は広がりが大きい．その最低エネルギーのものを $\varphi''(\boldsymbol{r})$ とし，これに第2の電子を入れて $\varphi''(\boldsymbol{r}_2)$ を得る．

さて，いまは上のように1つずつ電子をもち込んだと考え，第2の電子による第1の電子への影響は考えなかった．実際には第2の電子による影響で $\varphi'(\boldsymbol{r}_1)$ は変化する．ハートレー的に考えれば，$|\varphi''(\boldsymbol{r}_2)|^2$ による雲で a, b が遮蔽されるので $\varphi'(\boldsymbol{r}_1)$ は最初よりは広がるであろう．それが再び $\varphi''(\boldsymbol{r}_2)$ にはね返って，$\varphi''(\boldsymbol{r}_2)$ も変化するはずである．2個の電子は同等であるから，以上のような相互作用の結果として，$\varphi'(\boldsymbol{r}_1)$ も $\varphi''(\boldsymbol{r}_2)$ も最終的には同じ関数に収束するに違いない．それを $\varphi(\boldsymbol{r}_1), \varphi(\boldsymbol{r}_2)$ とすると，われわれの2電子系の波動関数は $\varphi(\boldsymbol{r}_1)\varphi(\boldsymbol{r}_2)$ となる．

ここでパウリの原理を考えると，同じ軌道 φ に2つの電子が入っているのであるから，そのスピンは逆向きでなければならない．一方が α（上向き）ならば他方は β（下向き）であるから，スピンまで考えた波動関数は

$$\varphi(\boldsymbol{r}_1)\alpha_1\,\varphi(\boldsymbol{r}_2)\beta_2 \qquad \text{または} \qquad \varphi(\boldsymbol{r}_1)\beta_1\,\varphi(\boldsymbol{r}_2)\alpha_2$$

である．§5.6で述べたように，多電子系の波動関数はその中の2つの粒子の交換に対して符号を変えなければならない，という要請があるので，2電子系の波動関数としては，上の2つの関数からつくったスレイター行列式

$$\Phi_0{}^{\mathrm{MO}} = \frac{1}{\sqrt{2}} \begin{vmatrix} \varphi(\boldsymbol{r}_1)\alpha_1 & \varphi(\boldsymbol{r}_1)\beta_1 \\ \varphi(\boldsymbol{r}_2)\alpha_2 & \varphi(\boldsymbol{r}_2)\beta_2 \end{vmatrix} \tag{1}$$

を用いなければならない．これは展開して

$$\Phi_0{}^{\mathrm{MO}} = \varphi(\boldsymbol{r}_1)\,\varphi(\boldsymbol{r}_2)\frac{\alpha_1\beta_2 - \beta_1\alpha_2}{\sqrt{2}} \tag{2}$$

と書くこともできる．*

　上の $\varphi(\boldsymbol{r})$ のように分子全体に広がった軌道関数を**分子軌道**（molecular orbital, MO と略称）とよぶ．古典力学的に考えると，特定の原子の近くだけに局在せず，分子全体を回る軌道である．

　2つの H 原子が十分に離れているときには，2個の電子は1つずつ陽子 a および b のまわりの 1s 軌道を回っている．これらが近づいたときには，電子は 5-5 図のように広がった分子軌道を動くようになる．ところで，電子は波動性をもつために，広い範囲を動くときの方が運動エネルギーが低くなるという性質をもつ．これは §3.1 で調べた箱の中の粒子の最低エネルギーの式（§3.1（14），（15）式（63 ページ））を参照すれば容易にわかることである．このために，1つの陽子のまわりの 1s 軌道にいるよりも，分子軌道に入っているときの方がエネルギーが低くなる．これが2つの H を結合させる力のもとなのである．しかし，このようなエネルギーの低下と同時に，2つの陽子が近づくためのクーロンポテンシャルの増加，電子間反発力のエネルギーの増加などがあるから，これらの代数和をとったものが，全体としてエネルギーの低下にならなければ結合は起こらない．このエネルギーの総和をいろいろな核間距離 R に対して計算すると，あまり R が小さいときには低下よりも増加の方が大きく，適当な R のときに総和が最小になる（5-7 図（a）（148 ページ）と同様）．したがって，この R が H_2 の安定な核間距離になるものと考えられる．また，このときの全エネルギーと，2つの水素原子のエネルギーとの差が，$H_2 \rightarrow 2H$ とするのに要する仕事（結合エネルギー）である．

　しかし，このようにして求めた結合のエネルギーは実測値よりも大分小さい．その理由は，ハートレー的な平均の場という考え方があまりよくないためであることがわかっている．実際の電子は互いの反発力のためによけ合う

---

* このように2つのスピンが逆向きになっている状態は，$\alpha_1\beta_2$ や $\beta_1\alpha_2$ ではなく，それらの1次結合 $(\alpha_1\beta_2 - \beta_1\alpha_2)/\sqrt{2}$ で表される．これに対し $(\alpha_1\beta_2 + \beta_1\alpha_2)/\sqrt{2}$ という関数も考えられるが，実はこれは2つのスピンが逆向きになった状態ではなくて，平行に並んだ状態で，しかも合成スピンの z 成分が0であるような状態を表す．本書では，このような角運動量合成の問題には立ち入らない．

ので，第1の電子が陽子 a の近くにいるときには第2の電子は b の方にいる確率が大きいであろう．このような粒子の位置の間の**相関**が，ハートレー的な考え方には全く入っていない．これは，もともとの考え方からいっても明らかであるが，次のように考えると，なおはっきりするであろう．

分子軌道関数は 5-5 図のようなものであるが，これは核 a のまわりの H の 1s 関数（$u_a(\boldsymbol{r})$ とする）と，b のまわりの 1s 関数（$u_b(\boldsymbol{r})$ とする）を加えたものと似た形をしている．そこでいま，$u_a(\boldsymbol{r}) + u_b(\boldsymbol{r})$ という関数を考えてみる．これの2乗の積分は（u_a, u_b はどちらも実関数）

$$\int \{u_a(\boldsymbol{r}) + u_b(\boldsymbol{r})\}^2 \, d\boldsymbol{r} = \int \{u_a(\boldsymbol{r})\}^2 \, d\boldsymbol{r} + \int \{u_b(\boldsymbol{r})\}^2 \, d\boldsymbol{r} + 2\int u_a(\boldsymbol{r}) u_b(\boldsymbol{r}) \, d\boldsymbol{r}$$

となるが，$u_a(\boldsymbol{r})$ と $u_b(\boldsymbol{r})$ に規格化された関数をとれば，右辺の第1，第2項は1に等しい．最後の積分は重なりの積分であって，$R \to \infty$ では0であるが，有限の R では0でないから，これを S と記すことにする．そうすると，上式の右辺は $2(1 + S)$ と書かれる．そこで

$$\varphi_+(\boldsymbol{r}) = \frac{u_a(\boldsymbol{r}) + u_b(\boldsymbol{r})}{\sqrt{2(1 + S)}} \tag{3}$$

という関数を考えると，これは $\varphi(\boldsymbol{r})$ に近い形をしていて，しかも規格化されている．このように $\varphi_+(\boldsymbol{r})$ は**原子軌道**（atomic orbital, AO と略称する）関数 u_a, u_b の1次結合（linear combination, 略称 LC）を用いて近似的に表した分子軌道なので，このような関数を **LCAO MO** という．

(1) 式の $\varphi(\boldsymbol{r}_1)\varphi(\boldsymbol{r}_2)$ の部分を (3) 式で近似すると，

$$\varphi_+(\boldsymbol{r}_1)\varphi_+(\boldsymbol{r}_2) = \frac{1}{2(1 + S)}\{u_a(\boldsymbol{r}_1) u_b(\boldsymbol{r}_2) + u_b(\boldsymbol{r}_1) u_a(\boldsymbol{r}_2)$$
$$+ u_a(\boldsymbol{r}_1) u_a(\boldsymbol{r}_2) + u_b(\boldsymbol{r}_1) u_b(\boldsymbol{r}_2)\} \tag{4}$$

という式が得られる．*　この右辺の { } 内の各項の意味を考えてみよう．

---

*　読者は，1電子の（分子）軌道に対して LCAO 近似を行うときに u_a, u_b を加え合わせることと，多電子系の波動関数をつくるために，φ や u_a, u_b などを掛け合わせることの意味を混同することのないようにしてほしい．

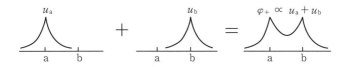

5-6図 水素分子のLCAO近似

第1項は電子1がu_aに，電子2がu_bに入っている状態を表し，第2項では1と2が入れ換わっている．ところが，第3，4項は電子が2つともaまたはbにいる状態を表している．もし相関を考えるならば，両方がaまたはbにいるような確率は小さいはずであるのに，これらが最初の2つの項と同じ割合で入っている．第3，4項の重みはもっと減らすべきである．ハイトラーとロンドンが採用したのは，実は，この第3，4項を全く捨てた次の関数なのであった．

$$\Phi_0{}^{HL} = \frac{\{u_a(\boldsymbol{r}_1)\,u_b(\boldsymbol{r}_2) + u_b(\boldsymbol{r}_1)\,u_a(\boldsymbol{r}_2)\}}{\sqrt{2(1+S^2)}}\frac{(\alpha_1\beta_2 - \beta_1\alpha_2)}{\sqrt{2}} \tag{5}$$

水素分子のハミルトニアンは

$$\mathcal{H} = -\frac{\hbar^2}{2m}(\nabla_1{}^2 + \nabla_2{}^2) + \frac{1}{4\pi\epsilon_0}\left(-\frac{e^2}{r_{a1}} - \frac{e^2}{r_{b1}} - \frac{e^2}{r_{a2}} - \frac{e^2}{r_{b2}} + \frac{e^2}{r_{12}} + \frac{e^2}{R}\right) \tag{6}$$

で与えられる（最後の項は陽子間の反発力）．$\Phi_0{}^{HL}$は正しい関数ではないが，これに関する$\mathcal{H}$の期待値を計算すれば，水素分子のエネルギーの近似値が得られる．ハイトラーとロンドンはいろいろのRに対して

$$E_0{}^{HL} \equiv \frac{1}{2(1+S^2)}\iint\{u_a(\boldsymbol{r}_1)\,u_b(\boldsymbol{r}_2) + u_b(\boldsymbol{r}_1)\,u_a(\boldsymbol{r}_2)\}$$
$$\times \mathcal{H}\{u_a(\boldsymbol{r}_1)\,u_b(\boldsymbol{r}_2) + u_b(\boldsymbol{r}_1)\,u_a(\boldsymbol{r}_2)\}\,d\boldsymbol{r}_1\,d\boldsymbol{r}_2 \tag{7}$$

を計算した．その結果は，5-7図に示すように$R = 1.7\,a_0 = 0.9$ Åのところに，$R = \infty$のところと比較して，深さ3.14 eVの極小をもつ曲線が得られた．結合エネルギーの実測値は4.72 eVなので，この一致は良好である．

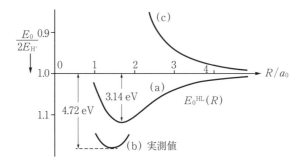

5-7図　曲線 (a) は $\Phi_0{}^{HL}$ による計算値，(b) は結合エネル
ギーと分子の振動スペクトルの実測値から求めた曲線．
(c) は2つの電子のスピンが平行であると仮定したときの
計算値で，このときは (5) 式の中の + を － に，－ を +
に変えた式を用いて同様の計算を行う．曲線 (c) に極小
がないことは，電子のスピンが平行であると，安定な H_2
はできないことを示す（a_0 はボーア半径）．

　このように，2つの原子が近づいたときに，重なり合う両原子の原子軌道
内の電子がスピン反平行 (↑↓) の対をつくり，両方の原子の間を行ったり来た
りすることによってエネルギーの低下を起こして，この2つの原子を結合さ
せることを**共有結合**という．これは，分子軌道をつくると考えても，ハイト
ラー－ロンドン式に考えても大体説明できることであるが（どちらも近似で
ある），古典力学では考えようもない現象である．

　水素分子以外でも，同様な機構で結合して分子や固体をつくっているもの
は多い．この場合，共有結合に使用しうる原子軌道の数によって，原子価や
結合手の角度などが定まる．くわしいことは，量子化学関係の本で学んでい
ただきたい．

§5.8　固体と自由電子模型

　よく知られているように，固体の結晶は原子が規則正しく配列したもので
ある．このとき原子を結合させている力の種類によって，**イオン結晶**，**共有
結合結晶**，**金属**，**分子結晶**などに大別される．イオン結晶の典型的なものは

NaCl であって，これらの原子は Na^+, Cl^- のようなイオンになると閉殻構造になってきわめて安定なので，こうしてできた Na^+ と Cl^- とが正負電荷の間の静電引力で引き合って結合しているのである．このような結晶では，その結合の性質上，正負のイオンが交互に並ぶような配列がとられる．共有結合というのは H_2 と同様の結合であって，C の原子が互いに共有結合で手をつないで結晶をつくっているダイヤモンドが典型例である．結合にあずかる電子（スピンが ↑↓ の対）は，2 つの原子にまたがる結合手のところに局在して安定におさまっていると考えられる．分子結晶というのは，Ar, He などの不活性気体，O_2, H_2, NH_3, CH_4，多数の有機化合物などが低温で固体になったときにできるものである．各分子の中では共有結合その他で原子が強く結合しているが，分子と分子の間（不活性気体では原子間）には静電気力もはたらかなければ電子のやりとりもなく，ファン・デル・ワールス力とよばれる弱い力だけでゆるく結合したものである．このようなものは融解点が低い．

　この節で少しくわしく調べようというのは金属結晶である．金属の原子は一番外側に少数の s 電子（および p 電子）をもっている．これらの原子が近づくと，広がりの大きい s 軌道や p 軌道は互いに重なるので，H_2 の場合の分子軌道のように，電子は 1 つの原子に局在することをやめて，原子から原子へとわたり歩くようになる．水素では H が 2 個結合するときわめて安定で居心地のよい結合手ができ，2 個の電子はそこにおさまってしまって他からの作用にはほとんど無関心になってしまうのであるが，金属の場合は少し事情が異なり，原子が次々と近づくと，各電子はなるべく広い範囲を動き回ろうとして巨大な分子，すなわち結晶を形成する．こうして s（および p）電子は結晶全体を動き回る**伝導電子**となり，電流や熱を運ぶ担い手となる．各原子（s および p 電子を失った陽イオン）に残された電子は，核の引力に束縛され，そのまわりで閉殻をつくって安定におさまっているので，それぞれの原子に局在していると考えてよく，核とともに**原子芯**をつくる．内部に不完全殻をもつ遷移金属や希土類などは例外である．鉄属の 3d 電子はかなり動き

回って伝導電子のように振舞っていると考えられている.

　伝導電子は，たくさん並んだ原子芯（陽イオン）と他の伝導電子からの力を受けて動くわけであるが，ハートレー的に考えると，陽イオンと他の伝導電子の電荷はほとんど完全に打ち消し合うので，平均すれば中性の場の中を動いていると考えてよい．簡単な議論をするときには，力を平均して0にしてしまい，自由に運動する電子とみなすことが多い．これを金属の**自由電子模型**とよんでいる.

　自由とはいっても，金属の表面から外へまで自由に飛び出せるわけではなく，表面では内側へ電子を引きもどそうとする複雑な力がはたらく．しかし，金属の示す多くの性質は表面の性質や形や大きさには無関係なので，そのような性質を調べるときには数学的に扱いやすい境界条件をとると便利である．そこで，一番よく使われるのは，金属を3辺の長さが L（体積 $V = L^3$）の立方体とし，3辺を x, y, z 軸に平行にとり，x, y, z の3方向のすべてについて，§3.2（65ページ）で行った周期的境界条件を課す方法である．この条件を実現することは不可能であるが，こうするとどの方向についても周期 L で同じことをくり返すことになり，自由電子の波動関数としては

$$\varphi_k(\boldsymbol{r}) = \frac{1}{\sqrt{V}} e^{i\boldsymbol{k}\cdot\boldsymbol{r}} \tag{1}$$

を用いることができる．ただし，$\boldsymbol{k}$ の3成分は，周期的境界条件を満たすように

$$k_\xi = \frac{2\pi}{L} n_\xi \quad (n_\xi = 0, \pm 1, \pm 2, \pm 3, \cdots, \ \xi = x, y, z) \tag{2}$$

というとびとびの値をとる．k_x, k_y, k_z を3つの直交座標軸とする空間（$\boldsymbol{k}$ 空間）にこのような点をとると，体積 $8\pi^3/V$ ごとに1個の割合で一様に分布する無数の $\boldsymbol{k}$ 点が得られる（5-8 図）.

　自由電子であるから，$\varphi_k(\boldsymbol{r})$ のエネルギーは

$$-\frac{\hbar^2}{2m} \nabla^2 \varphi_k(\boldsymbol{r}) = \frac{\hbar^2}{2m} (k_x{}^2 + k_y{}^2 + k_z{}^2) \varphi_k(\boldsymbol{r}) \tag{3}$$

によって

$$\varepsilon(\boldsymbol{k}) = \frac{\hbar^2}{2m}(k_x{}^2 + k_y{}^2 + k_z{}^2) = \frac{\hbar^2 k^2}{2m} \tag{4}$$

と定められることは明らかである.

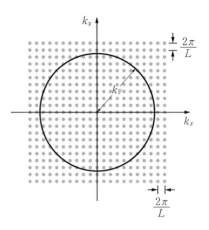

5-8図 周期的境界条件から許される **k** の値を2次元の場合に描いたもの. 円は (2次元の) フェルミ球を表す.

いま, この金属中に N 個の伝導電子があるとする. 各電子は5-8図の無数の $\boldsymbol{k}$ のどれか1つで運動するが, パウリの原理によって, 全く同じ運動をする電子は2個 (スピンが反対向き) までしか許されないから, 5-8図の各点を占めることができる電子の数は0, 1, 2 のどれかである. エネルギー (4) 式は, $\boldsymbol{k}$ 空間の原点からの距離の2乗に比例するから, 原点に近い $\boldsymbol{k}$ の状態ほどエネルギーは低い. そこで, N 電子系全体の最低エネルギー状態 (基底状態) は, なるべく $\boldsymbol{k}$ 空間の原点に近い $N/2$ 個の点を2個ずつの電子が占めているものになる. これは原点を中心とした, ある半径 (k_F とする) の球の内部の $\boldsymbol{k}$ 点はすべて二重に (スピン ↑↓ の電子で) 占領され, 外側は全く空席になっている状態である. それでは, この k_F はどのようにしてきまるのであろうか.

半径 k_F の球の体積は $4\pi k_F{}^3/3$ であるが, $\boldsymbol{k}$ の点は $8\pi^3/V$ ごとに1個ずつ存在するから, この球内に含まれる $\boldsymbol{k}$ 点の数は

$$\frac{4\pi k_F{}^3}{3} \div \frac{8\pi^3}{V} = \frac{V}{6\pi^2} k_F{}^3$$

である. これを2倍したものが N に等しいのだから,

$$N = \frac{V}{3\pi^2} k_F{}^3$$

より

$$k_F = (3\pi^2 n)^{1/3} \tag{5}$$

が得られる. ただし

$$n = \frac{N}{V} \tag{6}$$

は単位体積あたりの伝導電子数(数密度)である. この球のことを**フェルミ球**, k_F を**フェルミ半径**という.* また, この k_F に対応する $\varepsilon(\boldsymbol{k})$, すなわち $\hbar^2 k_F{}^2/2m$ を**フェルミエネルギー**という.

> **[例題]** 銅の原子は伝導電子 1 個を出し, 面心立方格子の金属結晶をつくる. 伝導電子を自由電子とみなして, そのフェルミエネルギーを求めよ.

[解] 面心立方格子では, 1 個の立方体ごとに 4 個の割合で格子点を含む(8 隅に 1/8 個ずつ, 6 面に 1/2 個ずつで, 計 4 個). ゆえに

$$n = \frac{4}{(3.6 \times 10^{-10})^3} \text{ m}^{-3}$$

である. これから

$$k_F = \frac{(12\pi^2)^{1/3}}{3.6} \times 10^{10} \text{ m}^{-1}$$

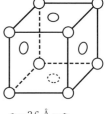

を得, 電子の質量 $m = 9.11 \times 10^{-31}$ kg, $\hbar = 1.055 \times 10^{-34}$ J·s を用いて

←— 3.6 Å —→

5-9 図 面心立方格子の原子配置. 数値は銅の場合.

$$\frac{\hbar^2 k_F{}^2}{2m} = 1.14 \times 10^{-18} \text{ J} = 7.1 \text{ eV}$$

を得る. これを $k_B T_F$ (k_B はボルツマン定数)に等しいとおいて, T_F を求めると, 約 10^5 K という値が得られる. ✐

　エネルギー固有値がとびとびになるという量子効果の現れる一例が量子論の発端になった空洞放射の現象であるが, 量子効果はその他にもいろいろな面で現れる. フェルミ球にいっぱいつまった状態というのは最低エネルギー

---

　*　Enrico Fermi (1901 - 1954) はイタリアの物理学者. 1939 年イタリアのファシズムを逃れてアメリカに移り, 原子力の開発に協力した. 1938 年にノーベル物理学賞受賞. フェルミ粒子(フェルミオン, 139 ページ参照)の名も彼にちなんでつけられたものである.

状態であるから，0Kの場合である．自由電子気体の中の電子が，絶対零度
においてすら，平均して何万度に相当するエネルギーで走り回っているとい
うことも量子効果の一例といえよう．古典的な気体では，温度がTKのとき
の平均運動エネルギーが$3k_BT/2$になるのであるから，0Kではすべて静止
しているはずである．しかし，電子は，パウリの原理の存在によりk空間
(5-8図参照) の原点に全部集まるということが許されず，0Kでも忙しく飛
び回っていなければならないのである．

　普通の気体では，温度を上げると分子はいっせいに運動エネルギーを増す．
自由電子気体では，それもできない．統計力学によれば，温度Tの外界* と
接触すると，電子1個につきk_BTの程度のエネルギーのやりとりが行われる．
ところが，フェルミ球の内部の方にいる電子は，k_BT程度のエネルギーをも
らって運動状態を変えようとしても，移るべき先のkの点は他の電子によっ
て占領されているので移れない．したがって，温度を上げたときに励起され
うるのは，フェルミ球の表面近くの電子だけに過ぎない．［例題］で求めたよ
うに，フェルミ球表面はk_BTにして10万度にも相当するので，普通の温度
(300K〜1000K)に対しては，球表面のほんのわずかの電子だけがエネルギー
をk_BTの程度増減するに過ぎない．球の内部の大部分の電子は，いわば凍り
ついてしまっているようなものである（ずい分大きな速さで飛び回っている
のに！）．このため，伝導電子はたくさんあるにもかかわらず，比熱に対する
寄与はきわめて少ない，という結果になっている．

　また，磁場をかけたら，スピンにともなう磁気モーメントが磁場の方向に
向きを変えそうなものであるが，これもパウリの原理に妨げられて起こりに
くい．このために，伝導電子のスピンによる常磁性（パウリが調べたので，
パウリ常磁性という）はきわめて小さい．

　自由電子のエネルギー固有値 (4) 式は，k^2の値の間隔がきわめて狭いので，

---

* 外界といっても，金属の外でなくてもよい．金属内の原子芯が行う熱振動との間で
電子がエネルギーを授受するのも，外界との接触とみなしてよい．

連続的と考えてよい．一般に，エネルギー固有値のとびとび性がいちじるしいのは，電子の運動範囲が狭いときである．巨視的な範囲を動くときには準位間隔は狭くなって，連続的になりうるのである．電子が完全に自由でなくて，1つの原子にしばらくとどまり，隣りの原子へ移ってそこにまたしばらくいて，…というような運動の場合には，原子の場合のとびとび性と，広い所を動き回る連続性が混ぜ合わさって，エネルギー準位は**バンド構造**を示すようになる（5-10 図）．大ざっぱにいって，各バンドの平均の高さは電子が原子間に滞在するときの原子軌道（1s, 2s, 2p, …）のエネルギーに対応し，バンドの幅をきめるのは，原子から原子へと移り歩く運動の速さであると考えてよい．

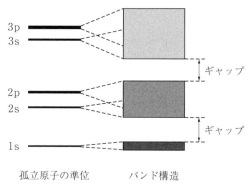

5-10 図　固体のエネルギーバンド

　この場合，バンド間のギャップ内のエネルギー値をとることは許されないことになる．これが固体の諸性質にいろいろに反映し，またそれをうまく利用して，トランジスターのような物をつくって実用に使うこともできる．トランジスターの発明以来，量子エレクトロニクスが非常な隆盛を見るようになったが，これも量子力学に基づく物性論の輝かしい成果の1つである．

　上に述べたよりももっと劇的な量子効果は，極低温の世界で現れる．**超伝導**は長い間その原因が不明であって，量子論的物性論の難問であったが，これも 1957 年には解決された．これら物性論を本格的に勉強するためには，もっと専門的な本を読んでいただかねばならないが，現象の本質だけをうまくとらえて説明した解説書もいくつか見られる．それらの解説を本当に理解するためにも，本書程度の量子力学の知識を確実にしておくことが必要であると思われる．

電子と光

本章では最初に光を古典的な振動電場で表して，それによる電子状態の遷移がどのように扱われるかを調べる．次に電磁場の量子論への準備として，簡単な連成振動を例にとって，フォノンについて解説する．それとの類推でフォトン（光子）を導き，それと電子の相互作用に進む．ディラックの相対論的電子論について，そのあらましを簡単に述べてから，電子と光の相互作用を摂動としてどのように扱うかについて大まかな紹介をする．概略を定性的に理解できれば十分であろう．

§6.1 光の吸収・放出

光の吸収による電子の定常状態間の遷移を考えよう．電磁場は調和振動子の集まりと同等であることは，すでに（§1.1 および §3.4）述べたが，ここでは，それを古典的な振動電場として扱うことにする．また，原子の大きさは 10^{-10} m の程度なのに可視光の波長はその数千倍であるから，電子の運動する範囲内のいたるところで，電場は一様な強さで $E_0 \cos \omega t$ のように振動しているものとする．

振動電場の方向を z 軸にとると，この中に置かれた点電荷 q のもつポテンシャルエネルギーは

$$H'(t) = -qE_0 z \cos \omega t \tag{1}$$

で与えられる．電子の場合は $q = -e$ とすればよい．$H'(t)$ としたのは，この相互作用のハミルトニアンが時間 t をあからさまに含むことを示すためで，

t だけの関数という意味ではない.

振動電場がないときの電子のハミルトニアンを H_0 とし,その固有値 ε_1,
ε_2, … および固有関数 $\varphi_1, \varphi_2, \cdots$ は既知であるとする.

$$H_0\, \varphi_n(\boldsymbol{r}) = \varepsilon_n\, \varphi_n(\boldsymbol{r}) \tag{2}$$

電場が加えられたときのハミルトニアンは

$$H = H_0 + H'(t) \tag{3}$$

であって,t を直接含むから,この H に対しては時間を含むシュレーディンガー方程式

$$H\, \psi(\boldsymbol{r}, t) = i\hbar \frac{\partial \psi}{\partial t} \tag{4}$$

を解いて $\psi(\boldsymbol{r}, t)$ を求めなければならない.

$H'(t) = 0$ のときの ψ は,一般に

$$\psi(\boldsymbol{r}, t) = \sum_n A_n\, e^{-i\varepsilon_n t/\hbar}\, \varphi_n(\boldsymbol{r}) \tag{5}$$

で与えられる.A_n は勝手な定数である.$H'(t) \neq 0$ の場合には,これが t の関数 $A_n(t)$ になるものと考えて,それを求めようというのが方針である.

(5) 式を $A_n(t)$ として (4) 式に代入し,(2) 式を用いると

$$\sum_n A_n(t)\, e^{-i\varepsilon_n t/\hbar} \{\varepsilon_n + H'(t)\} \varphi_n(\boldsymbol{r}) = \sum_n \left\{ i\hbar \frac{dA_n}{dt} + A_n(t)\varepsilon_n \right\} e^{-i\varepsilon_n t/\hbar}\, \varphi_n(\boldsymbol{r})$$

を得るから,これに左から $\varphi_f{}^*(\boldsymbol{r})$ を掛けて積分し,異なる固有関数は互いに直交し,おのおのは規格化されていること* を利用すると,

$$i\hbar \frac{dA_f}{dt} = \sum_n e^{i(\varepsilon_f - \varepsilon_n)t/\hbar} \langle f|H'(t)|n\rangle A_n(t)$$

ただし

$$\langle f|H'(t)|n\rangle = \int \varphi_f{}^*(\boldsymbol{r})\, H'(t)\, \varphi_n(\boldsymbol{r})\, d\boldsymbol{r} \tag{6}$$

が導かれる.ここで,電子は最初 ($t = 0$) に $\varphi_i(\boldsymbol{r})$ という状態にあったとすると,

---

* $\displaystyle \int \varphi_m{}^*(\boldsymbol{r})\, \varphi_n(\boldsymbol{r})\, d\boldsymbol{r} = \begin{cases} 1 & (m = n \text{ のとき}) \\ 0 & (m \neq n \text{ のとき}) \end{cases}$

$$A_i(0) = 1, \quad \text{その他の } A_n(0) = 0$$

であるが，$H'(t)$ の影響が小さいとすると，あまり t が大きくない間は，やはり $A_i = 1$ でその他の $A_n = 0$ は保たれていると見てよいから，その近似で

$$i\hbar \frac{dA_f}{dt} = \mathrm{e}^{i(\varepsilon_f - \varepsilon_i)t/\hbar} \langle f | H'(t) | i \rangle \tag{7}$$

が得られる．$H'(t)$ は $V' = eE_0 z/2$ とおいて

$$H'(t) = V'(\mathrm{e}^{i\omega t} + \mathrm{e}^{-i\omega t}) \tag{8}$$

と書かれるから，上に入れればただちに積分ができて

$$A_f(t) = \langle f | V' | i \rangle \left[\frac{1 - \exp\{i(\varepsilon_f - \varepsilon_i + \hbar\omega)t/\hbar\}}{\varepsilon_f - \varepsilon_i + \hbar\omega} \right. \\ \left. + \frac{1 - \exp\{i(\varepsilon_f - \varepsilon_i - \hbar\omega)t/\hbar\}}{\varepsilon_f - \varepsilon_i - \hbar\omega} \right] \tag{9}$$

となることがわかる．これから $|A_f(t)|^2$ を求めれば，はじめ $\varphi_i(\boldsymbol{r})$ にあった電子が時間 t の後に状態 $\varphi_f(\boldsymbol{r})$ に移っている確率が得られることになる．

　ここで，V' が小さいのに $A_f(t)$ がかなり大きくなりうるのは，右辺の[　]内のどちらかの分母が0かそれにきわめて近くなる場合である．いま，電子が電磁波のエネルギーを吸収してエネルギーの低い状態 $\varphi_i(\boldsymbol{r})$ から高い状態 $\varphi_f(\boldsymbol{r})$ へ遷移する場合を考えると，$\varepsilon_f > \varepsilon_i$ であるから (9) 式の [　] 内の第2項だけが大きくなる．そこで，第1項を省略すれば

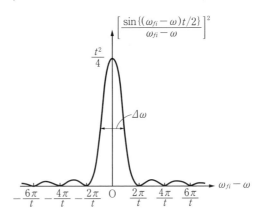

6-1図　$\omega_{fi} = (\varepsilon_f - \varepsilon_i)/\hbar$

$$|A_f(t)|^2 = |\langle f | V' | i \rangle|^2 \left[\frac{2 \sin\{(\varepsilon_f - \varepsilon_i - \hbar\omega)t/2\hbar\}}{\varepsilon_f - \varepsilon_i - \hbar\omega} \right]^2 \tag{10}$$

が得られる. 右辺の [ ]^2 は 6-1 図のような関数である.

　以上では, 外からかけられる振動電場は $E_0 \cos \omega t$ のように完全に一定の振動数で正弦振動を行うものと考えた. しかし, 実際に光を当てるときには, 光源からこのように完全な正弦波が得られるものではない. つまり, 完全な単色光は自然界には存在しない. 高温の固体や液体から出る熱放射の光は連続スペクトルをもつが, 気体の原子を発光させるような場合（放電管など）の線スペクトルも, 飛び回っている原子や分子が出す光であるためにドップラー効果によって振動数にいろいろなものがある. したがって, 実際に観測されるのは (10) 式ではなくて, これを適当な範囲の ω にわたって積分したものである. この場合に, ω の関数としての A_f を積分してから絶対値の 2 乗をとるのでなく, $|A_f|^2$ を求めてから ω についての積分を行うのは, 異なる ω の波が別の原子などから放射された互いに無関係なものだからである.

　遷移を測る時間 t は, あまり長いと $A_i(t) \approx 1$ という近似が使えなくなるから困るが, 10^{-7} s 以下というような短い時間が問題になることは稀である. したがって, $2\pi/t$ は $10^7 \mathrm{s}^{-1}$ よりずっと小さいものと考えてよい. つまり, 6-1 図の中央のピークの幅 ($\sim 2\pi/t$) は $10^7 \mathrm{s}^{-1}$ よりずっと小さい. 一方, 光の ω は $10^{16} \mathrm{s}^{-1}$ のように大きなものであり, 線スペクトルの自然幅とよばれる最小限の幅でも $10^7 \mathrm{s}^{-1}$ よりはずっと大きいのが普通である. そうすると, 電子に当たる光の強さの振動数分布 $I(\omega)$ は, ω による変化があっても 6-1 図よりはずっとゆるやかで, 図の程度の範囲では一定とみなしてよい. そこで, (10) 式を ω で積分するときに, $|\langle f|V'|i\rangle|^2$ から出てくる $I(\omega)$ を含めた部分を

$$\int_{-\infty}^{\infty} I(\omega) \left[\frac{2\sin\left\{(\varepsilon_f - \varepsilon_i - \hbar\omega)t/2\hbar\right\}}{\varepsilon_f - \varepsilon_i - \hbar\omega} \right]^2 d\omega$$

$$= I(\omega_{fi}) \int_{-\infty}^{\infty} \left[\frac{2\sin\left\{(\varepsilon_f - \varepsilon_i - \hbar\omega)t/2\hbar\right\}}{\varepsilon_f - \varepsilon_i - \hbar\omega} \right]^2 d\omega$$

$$= \frac{2\pi}{\hbar^2} I(\omega_{fi}) t$$

としてしまってよい.*　これを,

$$\int_{-\infty}^{\infty} f(x)\,\delta(x-a)\,dx = f(a)$$

を満たす δ 関数と比べると,

$$[\quad]^2 \longrightarrow \frac{2\pi}{\hbar^2} t\,\delta(\omega - \omega_{fi})$$

としてもよいことがわかる. つまり, [　]^2 の部分は, ω の中からボーアの振動数条件

$$\hbar\omega = \hbar\omega_{fi} = \varepsilon_f - \varepsilon_i$$

にかなう値だけを選び出し, $(2\pi/\hbar^2)t$ を掛けるというはたらきをするのである. こうして (10) 式は

$$|A_f(t)|^2 = |\langle f|V'|i\rangle|^2 \frac{2\pi}{\hbar^2} t\,\delta(\omega - \omega_{fi}) \tag{11}$$

という形になる. これは t に比例しているので,

（単位時間あたりの $\varphi_i \longrightarrow \varphi_f$ の遷移確率）

$$= \frac{2\pi}{\hbar^2}|\langle f|V'|i\rangle|^2 \delta(\omega - \omega_{fi}) \tag{12}$$

という**フェルミの黄金律**が得られる. 多数の原子や分子からできている系に光を当てた場合に, 状態 φ_f に遷移しているものの数は (12) 式の割合で時間に比例して増す. 光の強さは E_0^2 に比例するが, これは $|\langle f|V'|i\rangle|^2$ に含まれる.

　ところで,

$$\langle f|V'|i\rangle \propto \iiint \varphi_f{}^*(\boldsymbol{r})\,z\varphi_i(\boldsymbol{r})\,d\boldsymbol{r} \tag{13}$$

であるから, 遷移が許されるためには, これが 0 でない値をもつことが必要である. たとえば, $\varphi_i(\boldsymbol{r})$ が原子内電子の s 状態であれば, $\varphi_f(\boldsymbol{r})$ として遷移が可能なのは p 状態で $m = 0$ の $R_{np}(r)Y_1{}^0(\theta, \phi)$ に限られることが,

---

*　最後の積分には $\displaystyle\int_{-\infty}^{\infty}\left(\frac{\sin x}{x}\right)^2 dx = \pi$ を用いる.

$Y_l{}^m(\theta, \phi)$ の直交性から導かれる．どのような遷移が可能で，どのような遷移
が不可能かをきめる規則を**選択規則**という．原子内電子の振動電場による遷
移（**電気双極子遷移**という）について結果だけを記すと，

> 方位量子数と磁気量子数が (l, m) の軌道から (l', m') の軌道への電気双
> 極子遷移は
>
> $$l' = l \pm 1$$
>
> であって，電場ベクトルが z 方向にある光では $m' = m$，それが x また
> は y 方向にある光では $m' = m \pm 1$ のときだけ許される．

　以上は (9) 式の [　] 内第2項による吸
収の場合であったが，第1項による放出に
ついても全く同様の結果が得られることは
すぐわかるであろう．当たった光の強さに
比例して起こるこのような放出のことを**誘
導放出**といい，レーザーの発振で重要な役
をする．たとえば，6-2 図のようなエネル

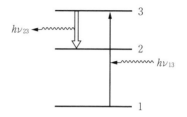

6-2図　メーザー，レーザーの発振

ギー準位をもつ原子（イオン）や分子があるとき，何らかの方法（たとえば，
電磁波の吸収で $1 \to 3$ の遷移を飽和するまで行わせる）でたくさんの原子
（や分子）を準位3に励起しておく．そこに，$\nu_{23} = (\varepsilon_3 - \varepsilon_2)/h$ の電磁波を当
てると，誘導放出がどっと起こって，多数の原子（または分子）が準位2へ
遷移し，非常に強い電磁波（振動数は $(\varepsilon_3 - \varepsilon_2)/h$）が得られる．マイクロ波
でこのようなことを行わせるのがメーザー（Maser）*，可視光で同様のこと
を行わせるのがレーザー（Laser）である．

---

*　Microwave Amplification by means of Stimulated Emission of Radiation の略．あと
　　から開発されたレーザーは，M を Light の L に変えて命名．

§6.2 磁気共鳴吸収

前節で調べたのは，可視光などによる電子の軌道運動の変化（遷移）であり，これを生じたのは電磁波の中の電場であった．電磁波と物質の相互作用には，この他にもいろいろな形がある．たとえば，可視光よりずっと振動数の小さい赤外線の $\hbar\omega$ は，電子状態のエネルギー準位間隔よりはるかに小さいから，電子の運動を変えることなどはほとんどできない．しかし，イオン化した原子全体をゆさぶることはできる．分子の振動や固体内の原子の振動の振動数は赤外線の領域に入るので，これらが赤外線に共振をする．そのような場合には，原子やイオンを質点とみなして理論を組み立てるのである．

磁場の振動（磁波）が遷移を起こす場合もある．広く応用されている**磁気共鳴吸収**が，その例である．この場合，波動関数の形や磁波との相互作用（前節の $H'(t)$ に相当するもの）を理解するためには，角運動量に関する予備知識がいるので，式は省略して事のあらましを記すにとどめよう．

§5.1，§5.2で見たように，電子はその軌道運動およびスピンによる角運動量をもち，それにともなう磁気モーメントを有する．原子核もまた核子（陽子と中性子の総称）のスピンと核内での軌道運動による角運動量をもち，それにともなう磁気モーメントをもつ．

電子の場合には，閉殻をつくると，スピンおよび軌道角運動量は互いに打ち消し合って，閉殻全体としての角運動量およびそれにともなう磁気モーメントは 0 になる．しかし，不完全殻があると打ち消し合いが起こらないで，全体として磁気モーメントをもつようになる．たとえば，不完全な 3d 殻をもつ鉄族の元素が化合物をつくると，分子や結晶の中でそれらの原子（大抵はイオンになる．たとえば，MnO では Mn^{2+} と O^{2-} が交互に配列するなど）は小磁石のように振舞う．分子や結晶の中では，まわりに配列した他の原子やイオンとぶつかり合うために，3d 電子の軌道運動は自由さが制限され，一定の角運動量をもってぐるぐる回り続けることはできなくなり，軌道角運動にともなう磁気モーメントは消失するのが普通である．しかし，スピンはそ

のような制約を受けないで残り，いくつかの電子のスピンが合成されて，合成スピン S をつくる.

　そのような電子系で，軌道運動は同じであるけれども，合成スピン S の向きが異なるいろいろな状態が考えられる．これらは，磁場がなければエネルギーは等しい（縮退している）．ところが，これに一様な磁場（z 方向）をかけると，S にともなう磁気モーメント（S と反対向き）と磁場との間の角によってゼーマンエネルギーに差を生じ，縮退がとれて準位は分裂する．その分裂の間隔の大きさについては§5.1［例題1］（117ページ）で計算を試みた．ここでその分裂間隔に等しい $h\nu\,(=\hbar\omega)$ をもった電磁波を当ててやると，スピンが振動磁場から受ける力によって，ゼーマン準位間の遷移が起こる．この現象を**電子スピン共鳴**（electron spin resonance, ESR と略称）といい，磁気モーメント（正しくは磁気双極子モーメント）と振動磁場との相互作用に基づく磁気双極子遷移の一種である．この場合，振動磁場は一様な静磁場に垂直（xy 面内）でなければならない.

　原子核の磁気モーメントについても全く同様なことが起こる．ただし，核の場合には磁気モーメントがずっと小さい（10^{-3} 倍くらい）ので，ゼーマン準位の間隔も狭いから，使う電磁波の波長は ESR のときよりもずっと長い．核スピンのゼーマン準位間のこのような遷移による吸収を，**核磁気共鳴吸収**（nuclear magnetic resonance, NMR と略称）とよんでいる.

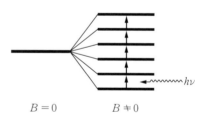

$B=0$　　　　$B\neq0$

6-3図　ゼーマン効果で分かれた準位間の遷移は ESR, NMR として観測される.

　ESR や NMR は，物質内に置かれた小磁石が電磁波に対して示す反応（遷移）によって，そのまわりの状況をさぐることに利用できるので，物性論における有力な実験手段として広く活用されている.

§6.3 原子の振動とフォノン

第5章で述べたように，原子の中では電子が複雑な運動を行っている．しかし，量子論的効果の特色として，狭い範囲を運動する軽い粒子ほどそのエネルギー準位の間隔は広いので，原子（分子も同様）内の電子の運動を変化させるには，少なくとも数 eV のまとまったエネルギーを与える必要がある．他方，気体の分子は大体 $k_B T$（k_B はボルツマン定数，T は絶対温度）の程度の運動エネルギーをもって飛び回っており，液体や固体内の原子や分子も大体同様である．ゆえに，このような**熱運動**で原子や分子がぶつかり合うときにやりとりするエネルギーは，1 個当たり $k_B T$ の程度の大きさをもつ．$T = 300$ K として $k_B T = 0.026$ eV であるから，このエネルギーは原子内の電子の運動状態を変える —— すなわち励起する —— のには小さすぎる．このため，原子内にはたくさんの軽い電子が動き回っているのにもかかわらず，$k_B T$ の程度のエネルギーで行われる原子相互の衝突に際しては，原子はエネルギーを吸収しない弾性球のように振舞うのである．

さて，固体はたくさんの原子が規則正しく並んでできているのが普通である．これらの原子は互いに引力をおよぼし合って固体の結晶にまとまっているのであるが，原子では核のまわりには電子がむらがっており，それらの電荷雲が重なり合うことをきらうので，あまり原子が近づくと互いに反発する．原子間の力（NaCl などでは Na^+ と Cl^- 間の力）は大体このように遠くで引力，近くで斥力になっているのが普通であるが，場合によって，その大きさや力の原因等も異なり，一般的に簡単な説明を与えることはむずかしい．しかし，固体をつくっている原子について考えるときには，弾性ばねで互いにつながった球のような模型で考えてよい．

3 次元的な実際の固体で考えるのは複雑すぎるから，ここでは 6-4 図のように 3 個の球（質量 M）を，張力 S で

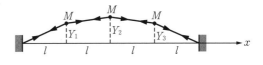

6-4 図 3 個の球の連成振動（横波）

長さ l に伸ばした4本のゴムひもで x 方向につなぎ，両端を固定した系を考える．球は y 方向にのみ振動するものとし，その変位を Y_1, Y_2, Y_3 とする．変位は大きくないものとすると，各球に対する運動方程式は

$$\left.\begin{aligned}
M\frac{d^2 Y_1}{dt^2} &= -\frac{S}{l}(2Y_1 - Y_2) \\
M\frac{d^2 Y_2}{dt^2} &= -\frac{S}{l}(2Y_2 - Y_1 - Y_3) \\
M\frac{d^2 Y_3}{dt^2} &= -\frac{S}{l}(2Y_3 - Y_2)
\end{aligned}\right\} \tag{1}$$

で与えられる連成振動になる．ここで，Y_1, Y_2, Y_3 の代りに

$$\left.\begin{aligned}
Q_1 &= \frac{1}{2}Y_1 + \frac{1}{\sqrt{2}}Y_2 + \frac{1}{2}Y_3 \\
Q_2 &= \frac{1}{\sqrt{2}}Y_1 \qquad\quad - \frac{1}{\sqrt{2}}Y_3 \\
Q_3 &= \frac{1}{2}Y_1 - \frac{1}{\sqrt{2}}Y_2 + \frac{1}{2}Y_3
\end{aligned}\right\} \tag{2}$$

で定義される Q_1, Q_2, Q_3 を用いると*，(1) 式は

$$\left.\begin{aligned}
\frac{d^2 Q_1}{dt^2} &= -\omega_1{}^2 Q_1, \quad \omega_1{}^2 = \frac{2-\sqrt{2}}{Ml/S} \\
\frac{d^2 Q_2}{dt^2} &= -\omega_2{}^2 Q_2, \quad \omega_2{}^2 = \frac{2}{Ml/S} \\
\frac{d^2 Q_3}{dt^2} &= -\omega_3{}^2 Q_3, \quad \omega_3{}^2 = \frac{2+\sqrt{2}}{Ml/S}
\end{aligned}\right\} \tag{3}$$

のように独立な単振動の式に分離される．(2) 式の逆変換は

$$\left.\begin{aligned}
Y_1 &= \frac{1}{2}Q_1 + \frac{1}{\sqrt{2}}Q_2 + \frac{1}{2}Q_3 \\
Y_2 &= \frac{1}{\sqrt{2}}Q_1 \qquad\quad - \frac{1}{\sqrt{2}}Q_3 \\
Y_3 &= \frac{1}{2}Q_1 - \frac{1}{\sqrt{2}}Q_2 + \frac{1}{2}Q_3
\end{aligned}\right\} \tag{4}$$

である．3球の変位を，Y_1, Y_2, Y_3 を直交座標にとった3次元空間内の <u>1点</u> で

---

* どうやって (2) 式を出すかは，量子論とあまり関係ないので省略する．

表すことができるが, 変換

$(Y_1, Y_2, Y_3) \longleftrightarrow (Q_1, Q_2, Q_3)$

は, この空間内の座標軸の回転
であり, (1) 式の右辺を与える
ポテンシャル

$V(Y_1, Y_2, Y_3)$

$$= \frac{S}{l}(Y_1{}^2 + Y_2{}^2 + Y_3{}^2$$
$$- Y_1 Y_2 - Y_2 Y_3) \quad (5)$$

を標準形 (2乗の和)

$V(Q_1, Q_2, Q_3)$

$$= \frac{S}{l}\left\{\left(1 - \frac{1}{\sqrt{2}}\right)Q_1{}^2\right.$$
$$\left. + Q_2{}^2 + \left(1 + \frac{1}{\sqrt{2}}\right)Q_3{}^2\right\}$$
$$(6)$$

にする主軸変換である.

Q_1 だけが振動して $Q_2 = Q_3 =$
0のときが6-6図 (a), Q_2 だけが
振動して $Q_1 = Q_3 = 0$ のときが
(b), Q_3 だけが振動して $Q_1 = Q_2$
$= 0$ のときが (c) のような形にな
る. このような振動を**基準振動**,
Q_1, Q_2, Q_3 を**基準座標**, 6-6図のよ

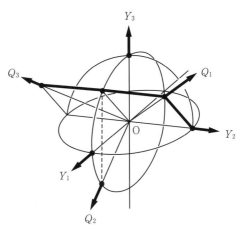

6-5 図　$(Y_1, Y_2, Y_3) \longleftrightarrow (Q_1, Q_2, Q_3)$ は座標軸の
回転になっている.

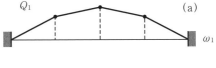

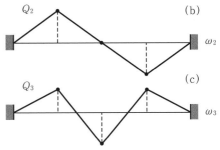

6-6 図　3つの基準振動. 弦の横波の最初の
3つの定常波に対応する.

うな振動の形を**モード**とよぶ. これらは, 球の数を無限に増やしたとき (弦
になる) の定常波 (2-16図, 53ページ) に対応する.

以上は古典力学の話であるが, 量子力学へ移るには,

$$P_1 = M\frac{dY_1}{dt}, \qquad P_2 = M\frac{dY_2}{dt}, \qquad P_3 = M\frac{dY_3}{dt}$$

で運動量を定義し，ハミルトニアン

$$H = \left(\frac{1}{2M}P_1{}^2 + \frac{M\omega_1{}^2}{2}Q_1{}^2\right) + \left(\frac{1}{2M}P_2{}^2 + \frac{M\omega_2{}^2}{2}Q_2{}^2\right)$$
$$+ \left(\frac{1}{2M}P_3{}^2 + \frac{M\omega_3{}^2}{2}Q_3{}^2\right) \qquad (7)$$

において，$P_j \rightarrow -i\hbar(\partial/\partial Q_j)$ としてシュレーディンガー方程式を立てて解けばよい．記号が異なることと，3方向の ω が違うだけで，他は§3.4の議論そのままである．そうすると，この系のエネルギー固有値は

$$E_{n_1 n_2 n_3} = \left(n_1 + \frac{1}{2}\right)\hbar\omega_1 + \left(n_2 + \frac{1}{2}\right)\hbar\omega_2 + \left(n_3 + \frac{1}{2}\right)\hbar\omega_3 \qquad (8)$$

で与えられる．

　上では y 方向の振動だけ考えたが，z 方向も同様であり，さらに x 方向（縦波）も同様に扱うことができる．球の数を増やせば基準振動のモードもそれに応じて増加していく．2次元，3次元にしても同様である．また，上では両端を固定（$Y_0 = Y_4 = 0$）して定常波にしたが，周期的境界条件を課して進行波の重ね合せにしてもよい．その場合には，モードは $\boldsymbol{k}$ と振動の方向で指定される．*

　固体の結晶の中で原子が規則正しく配列していることを**結晶格子**をつくっているというが，原子はその平衡点のところで複雑な運動を行っている．これを，上の場合と同様に，基準振動の重ね合せとして表すと，系のハミルトニアンは（原子数）×3－6個の1次元調和振動子のハミルトニアンの和で表される．6を引いたのは，系全体としての並進運動と回転運動を表す Q_k

---

　　*　進行波の場合，$q_0 = \frac{1}{2}(Y_0 + Y_1 + Y_2 + Y_3)$, $q_{\pm 1} = \frac{1}{2}(Y_0 \pm iY_1 - Y_2 \mp iY_3)$, $q_2 = \frac{1}{2}(Y_0 - Y_1 + Y_2 - Y_3)$ が基準座標となるが，複素数になったりしてやや複雑なので，ここでは省略する．q_0 は並進運動で振動からは除かれる．運動方程式は (1) 式でなく，$M(d^2Y_n/dt^2) = (-S/l)(2Y_n - Y_{n-1} - Y_{n+1})$ である（$Y_0 = Y_4$）．

を除外するためである．このとき，系の量子状態はこれら振動子の量子数の組で指定され，エネルギー固有値は (8) 式と同様な式で与えられる．同じ k に対して，縦波 1 種と横波 2 種が現れる．原子が全部同じ種類でなく化合物の場合には，事情はさらに複雑になる．しかし，1 次元調和振動子の集まりと同等である点に変わりはない．

よく知られているように，古典弾性論では固体を連続的な媒質とみなす．このような媒質内には，その弾性によっていろいろの弾性波を起こさせることができる．縦波（疎密波）は音波である．ところで，連続体と考えるのは，原子の存在を考えない近似であるが，原子間隔に比べて波長が十分に長い波を考えるときには，連続体と考えるのはよい近似である．波長が原子間隔の程度の短い波では，そうはいかない．$|k|$ に上限があり，波長には下限がある．このような注意は必要であるが，とにかくわれわれが考えた基準振動は，弾性波（の定常波）に対応するものである．そして，量子論による (8) 式は角振動数が ω の波のエネルギーが，定数を別にして，$\hbar\omega$ の整数（0 または正）倍で与えられる，とびとびの値だけをとりうることを示している．

ここで読者に §1.1，§1.2 の光子のことを思い出していただけば，光波に弾性波が対応し，エネルギーの関係が全く同じであることに気がつかれるであろう．少し異なる点は，§1.2 では進行波の光波を考えたのに，ここでは定常波の弾性波を扱っていることである．

光を**光子**（photon）の集まりと考えたやり方に従うなら，格子振動をも同様に粒子的なものの集まりと考えることができるであろう．photon にならない，この粒子（**準粒子**という）を**フォノン**（phonon）とよぶ．弾性波は音と関係があるので，この名がついたのである．**音子**などと訳すこともある．角振動数が ω の基準格子振動は，1 個のエネルギーが $\hbar\omega$ のフォノンの集まりとみなされる．(8) 式の n_j は，そのモードのフォノンの数を表すと考えるのである．

結晶格子の場合に，基準振動の数，すなわちフォノンの種類は $3N-6$ と

きまっているが，それぞれの n_j は振動の励起の度合を示す数であるから，いろいろに変化しうる．したがって，フォノンの総数 $\sum_j n_j$ は，原子の数や電子の数のように一定に保たれる，ということはない．フォノンが1つもない状態，すなわち，すべての n_j が0である状態が，振動子系の基底状態である．0 K の固体はそうなっているはずである．

§6.4　電子と電磁場

光子（フォトン）については §1.1 で論じたが，振動する量 —— 前節の変位 $Y_j(t)$ に対応する量 —— が何であるかには触れなかった．光は電磁波なのだから電場の強さ $\boldsymbol{E}$ と磁束密度 $\boldsymbol{B}$ をとればよさそうであるが，2種類を考えるのはわずらわしいし，両者は独立でないのだから別々に考えたのでは余計なことをやり過ぎることになる．電磁波の電磁場は，実は1種類のベクトル $\boldsymbol{A}(\boldsymbol{r}, t)$ で表されることが知られている．$\boldsymbol{A}(\boldsymbol{r}, t)$ は**ベクトルポテンシャル**とよばれ，これがわかれば

$$\boldsymbol{E} = -\frac{\partial \boldsymbol{A}}{\partial t}, \quad \boldsymbol{B} = \mathrm{rot}\,\boldsymbol{A} \tag{1}$$

という演算で $\boldsymbol{E}$ と $\boldsymbol{B}$ が求められるのである．したがって，電磁場は，この $\boldsymbol{A}(\boldsymbol{r}, t)$ に，必要なときには**スカラーポテンシャル** $\varPhi(\boldsymbol{r}, t)$ をも加えて，$\boldsymbol{A}$ と $\varPhi$ で表す**ベクトル場**と規定することになっている．＊　したがって，光子を導くときの調和振動子のもとになった振動する量 —— $Y_j(t)$ に対応する量 —— は，この $\boldsymbol{A}(\boldsymbol{r}, t)$ なのである．そうすると，その位置を示す番号 j が $\boldsymbol{r}$ に対応することもわかるであろう．

電磁場を波の重ね合せで表すということは，$Y_1(t), Y_2(t), Y_3(t), Z_1(t), Z_2(t),$ $Z_3(t)$ を，$Q_1(t), Q_2(t), Q_3(t)$ と Z_j のこれに対応する量 $Q_{\mathrm{I}}(t), Q_{\mathrm{II}}(t), Q_{\mathrm{III}}(t)$ とで表すことに対応する．そこで，Q に対応する量を $A_{k7}(t)$ と書くことにしよう．

＊　相対性理論で，x, y, z, t をまとめて4次元の世界を考え，この世界の4元ベクトルの成分として $(p_x, p_y, p_z, \varepsilon)$ を一組として扱うように，$A_x, A_y, A_z, \varPhi$ も一組にして4元ベクトルの成分とみなすのである．

番号（波の細かさを示す）に対応するのが波数ベクトル $\boldsymbol{k}$, 振動方向（1か I
かなど）を区別するのが $\gamma = 1, 2$ である．$k = |\boldsymbol{k}|$ とすると，$k = 2\pi/\lambda$ であ
るから，どちらの γ についても $\omega_k = ck$ である．実際に式で示すことは繁雑
なので省略するが，このようにして電磁場が無限個の調和振動子の集まりに
変換されることは，§1.1で述べたとおりである．したがって，電磁場のエネ
ルギーは，

$$(\text{電磁場のエネルギー}) = \sum_{k\gamma} n_{k\gamma} \hbar \omega_k \tag{2}$$

と表され，$n_{k\gamma}$ はモード $(\boldsymbol{k}, \gamma)$ の波動性を示す光子の数ということになる．
（電磁場の場合は零点振動は除いて考えることになっている．）

　単振動をする量は $A_{k\gamma}(t)$ で，これが§3.4の x に対応するわけであるから，
§3.4（21）式（78ページ）により，$A_{k\gamma}$ は光子の生成演算子 $a_{k\gamma}{}^\dagger$ と消滅演算
子 $a_{k\gamma}$ を使って

$$A_{k\gamma} = \sqrt{\frac{\hbar}{2\epsilon_0 \omega_k}} (a_{k\gamma}{}^\dagger + a_{k\gamma}) \tag{3}$$

のように表されることになる．この抽象的な振動子の"質量"は，SI単位を
使うと真空の誘電率 ϵ_0 になることが示される．

　§6.1では，電磁場を古典論的に扱ったが，ここで量子論的に扱う方針の大
筋を示すことにしよう．上の議論が示すように，電磁場は調和振動子の集ま
りと同等であり，そのエネルギーはどんな光子が何個あるかによってきまる
ことになる．電子がこれと共存するときには，それがどういうことになるの
だろうか．ベクトルポテンシャル $\boldsymbol{A}$ できまる電磁場内の電子のハミルトニ
アンは，場がないときの $\boldsymbol{p}$ を $\boldsymbol{p} + e\boldsymbol{A}$ に変えて得られる（付録2参照）．

$$H = \frac{1}{2m}(\boldsymbol{p} + e\boldsymbol{A})^2 \quad (\text{m は電子の質量})$$

すなわち

$$H = \frac{1}{2m}\boldsymbol{p}^2 + \frac{e}{m}\boldsymbol{A}\cdot\boldsymbol{p} + \frac{e^2}{2m}\boldsymbol{A}^2 \tag{4}$$

ここで $\boldsymbol{p} = -i\hbar\nabla$ は演算子なので，一般には $\boldsymbol{p}\cdot\boldsymbol{A} \neq \boldsymbol{A}\cdot\boldsymbol{p}$ であるが，真空中の電磁場では $\nabla\cdot\boldsymbol{A} = 0\,(\because \operatorname{div}\boldsymbol{E} = 0)$ が成り立つため，上のように $\boldsymbol{p}\cdot\boldsymbol{A}$ を $\boldsymbol{A}\cdot\boldsymbol{p}$ にしてもかまわないのである．スカラーポテンシャルが必要なら (4) 式に $-e\varPhi$ を加えればよい．(4) 式の右辺の最後の項の影響は小さいから，無視しておこう．

(4) 式の右辺の第 2 項の $\boldsymbol{A} = (A_x, A_y, A_z)$ は $A_{k\gamma}$ で表されるから，光子をつくったり消したりする演算子であり，$\boldsymbol{p}$ は電子の波動関数に作用して，これを変える演算子である．それらが $A_x p_x + A_y p_y + A_z p_z$ のような積の形になっているということは，この項が電子と電磁場の相互作用を表すことを示している．*　また，それが素電荷 e に比例するということは，e が電子と電磁場の相互作用（**電磁相互作用**という）の大きさを規定する基本的な物理量であることを示している．

電子と電磁場を合わせた系のハミルトニアンは，それぞれのハミルトニアンの和に，上のような相互作用を加えたものである．

$$\mathscr{H} = H_{\mathrm{el}} + H_{\mathrm{rad}} + H' \qquad (H':\ 相互作用) \tag{5}$$

H' がなければ，電子は H_{el} の固有状態 $\varphi_i(\boldsymbol{r})$ をとり，電磁場を表す調和振動子系は $\varPhi(n_1, n_2, n_3, \cdots)$ のようにきまった量子数（光子数）の組で指定される状態になっている．つまり

$$\varphi_i(\boldsymbol{r})\, \varPhi(n_1, n_2, n_3, \cdots) \tag{6}$$

が $H_{\mathrm{el}} + H_{\mathrm{rad}}$ の固有関数であり，固有値は

$$E_{in} = \varepsilon_i + (n_1 \hbar\omega_1 + n_2 \hbar\omega_2 + \cdots)$$

で与えられる（調和振動子は $\boldsymbol{k}\gamma$ で指定する代りに通し番号にした）．

H' があると，(6) 式はもはや固有関数ではなくなる．そこで，たとえば $t = 0$ に (6) 式で与えられる状態にあった系が，t とともにどのように変化していくかを，§6.1 のときと同様にして調べるのである．$\varphi_i \to \varphi_f$ の代りに今度は

---

*　$A(\boldsymbol{r}, t)$ の中の $\boldsymbol{r}$ も電子の波動関数に作用する．

$$\varphi_i(\boldsymbol{r})\,\varPhi(n_1, n_2, \cdots, n_k, \cdots) \quad\longrightarrow\quad \varphi_f(\boldsymbol{r})\,\varPhi(n_1, n_2, \cdots, n_k - 1, \cdots)$$

（番号 k のモードの光子を吸収）

の確率を求めるのだとすると, §6.1 の場合の

$$\varepsilon_i \text{ には,} \quad E_\mathrm{I} = \varepsilon_i + n_1\hbar\omega_1 + n_2\hbar\omega_2 + \cdots + n_k\hbar\omega_k + \cdots$$

$$\varepsilon_f \text{ には,} \quad E_\mathrm{F} = \varepsilon_f + n_1\hbar\omega_1 + n_2\hbar\omega_2 + \cdots + (n_k - 1)\hbar\omega_k + \cdots$$

$$\varepsilon_f - \varepsilon_i \text{ には,} \quad E_\mathrm{F} - E_\mathrm{I} = \varepsilon_f - \varepsilon_i - \hbar\omega_k$$

が対応することになる. 今度は H' に $\mathrm{e}^{\pm i\omega t}$ のような因子が入っていないが, その代りにエネルギー固有値の方にその分が含まれているのである.

　§6.1 の $\langle f|V'|i\rangle$ に対応するのは, z 方向に振動する偏光の場合ならば $\boldsymbol{p}\cdot\boldsymbol{A} = p_z A_z$ であるから, $A_z(\boldsymbol{r}, t)$ を $A_{k\tau}$ で表したとき, それに含まれる消滅演算子が $\varPhi(\cdots, n_k, \cdots)$ に作用して $\varPhi(\cdots, n_k - 1, \cdots)$ に変え, $\varPhi^*(\cdots, n_k - 1, \cdots)$ を掛けた積分を 0 でなく, 残すはたらきを果す. このとき, §3.4 (18) 式 (77 ページ) により, この積分は $\sqrt{n_k}$ に比例するから, $|\langle f|V'|i\rangle|^2$ に対応する量は n_k に比例し, 光の吸収確率が光子数に比例 (光の強さに比例) するという結果が得られる.

　光子の放出のときには, 生成演算子が効くが, §3.4 (18) 式によると, $a^\dagger u_n = \sqrt{n+1}\,u_{n+1}$ なので, 確率は n_k でなく $n_k + 1$ に比例することになる. このうちの n_k に比例する部分が §6.1 で述べた誘導放出であり, 1 に相当する部分は, 光子がなくても生じる放出なので, **自発放出** とよばれる. これは §6.1 の半古典的方法では出てこない. $\langle f|z|i\rangle$ の代りに, 今度は $\langle f|p_z|i\rangle$ が出てくるが, これらが比例することは証明でき, 最後の結果は §6.1 のときと同じになる.

§6.5　電子と陽電子

　いままでは電子をシュレーディンガー方程式に従う粒子として扱ってきたが, この方程式は運動エネルギーを $\boldsymbol{p}^2/2m$ としていることでもわかるように, 光速 c よりもずっと遅い場合を扱う非相対論的な波動方程式である.

これを一般化して相対論をとり入れた波動方程式をつくることは，ディラックによって達成された．この理論の理解には相当の予備知識がいるので，本格的な解説は他にゆずり，いちじるしい特色だけを半定性的に紹介するにとどめよう．

　ディラックの相対論的電子論によると，電子（静止質量 m_0）の振舞は $\boldsymbol{r}$ と t の1つの関数 $\psi(\boldsymbol{r}, t)$ ではなく，一般には関数4個の一組で記述される．そのうちの2つはスピンが上向き，残りの2つはスピンが下向きの状態を表す．それぞれの2つのうちの一方は通常の正エネルギーの状態，つまり

$$mc^2 = \frac{m_0 c^2}{\sqrt{1 - \dfrac{v^2}{c^2}}} = m_0 c^2 + \frac{m_0}{2} v^2 + \cdots > 0$$

の状態を表すが，もう一方は，これが負の状態を表すというのである．正エネルギーでスピンが上向き（下向き）に対応する成分だけをもち，他の成分が0の場合には，その電子は上向き（下向き）スピンをもった普通の電子であり，正エネルギーでスピンが上向きの成分と下向きの成分とを両方もっている状態の電子は，軌道運動は通常でスピンが横向きとか斜めに傾いている電子ということになる．これに反し，残りの2成分が大きい電子というのは，負の質量をもっていて，前へ引っ張れば後ろへ下がり，後ろへ押せば前へ出ようとする"ロバ"みたいだというので，**ロバ電子**などというあだ名をつけられた妙なものである．

　そんな変な電子は見つかった例もないし，そもそも負エ

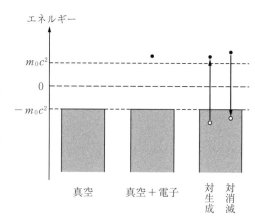

6-7 図　真空は負エネルギー状態が電子で完全に占められた状態

ネルギー状態というのは普通の状態よりもエネルギーが低いのだから，正エネルギー状態の電子はγ線の形でエネルギーを放出して，片端から負エネルギーの状態へ遷移してしまうはずである．ディラックの理論は，スピンの存在を示してくれた点ではすばらしい成果をおさめたが，負エネルギー状態などという困った問題を提起したというので人々を悩ませた．そこでディラックは，真空というのは負エネルギー状態がすべて電子によって占められ，パウリの原理のためにそれ以上は正エネルギー状態からの遷移が許されなくなっている状態の空間である，と考えてこの矛盾を救った．

　真空がロバ電子で満ちた状態だというのなら，そのロバ電子の1個に$2\,m_0c^2$以上のエネルギーを与えて正エネルギー状態へ遷移させてやれば，普通の電子が1個出現すると同時に，真空中に1個の空席ができることになる．この空席 ── **空孔** ── は，電子と同じ質量をもつが，電荷は正の$+e$をもった粒子のように振舞うはずである．このような**陽電子**は実際に発見されたので (1932年)，ディラックの考え方は正しいことがわかった．上とは逆に，正エネルギーの電子が空孔に遷移すれば，電子と陽電子の一対が消滅することになる．このとき，2個またはそれ以上の光子 (γ線) が放出される．これを**対消滅**，逆を**対生成**という．これらも，もちろん実際に観測されている．ディラックの理論は電子以外の粒子の多くにも適用されて正しさが証明されている．電子と陽電子のような関係を粒子と**反粒子**とよぶが，さらにいえば，どちらが粒子でどちらが空孔 (反空孔) だときめつけるのも正しくはなく，粒子－反粒子の関係は相対的なものであるとするのが正しい．

第2量子化

　ディラック理論で相対性理論を満たす1電子の理論はできたが，多電子系の場合には困ることがある．ド・ブロイの物質波というのは，われわれの住むこの3次元空間の波であった．シュレーディンガーの波も，粒子が1個のときはそうなっている．ところが，多粒子系になると$r_1, r_2, \cdots, t$を変数とす

る抽象的な多次元空間の波ということになってしまい，空間と時間を一緒に
して4次元の時空世界で物事を考えるという相対性理論の考え方と矛盾する
ことになってしまう.

　ところが，同様に粒子性と波動性の両方を兼ね備えている光子の場合には，
各光子ごとに別の $\boldsymbol{r}_j$ を考えるなどということはせず，マクスウェル方程式
の解である波 —— 古典的な電磁波 —— の振動する量 $A_{k\gamma}(t)$，あるいはそれの
1次結合である $\boldsymbol{A}(\boldsymbol{r}, t)$ を演算子（生成，消滅演算子）で表すことによって粒子
性が導かれ，電磁場の状態はどういう光子が何個あるかによって表されるよ
うになっている.同様なことが，電子などの波についても行えないのだろうか.

　それは可能で，その方法を**第2量子化**という.それには，1電子に対する
シュレーディンガー方程式ないしディラック方程式の固有状態 —— 一番簡単
なのは $e^{i\boldsymbol{k}\cdot\boldsymbol{r}}$ に比例する自由電子状態 —— のどれにいくつずつの電子が入っ
ているかによって多電子の状態を指定する.これを（**占有**）**数表示**という.
パウリの原理があるので，フェルミ粒子の場合には，その占有数は0と1に
限られる.これは電磁場＝光子系の場合の $\Phi(n_1, n_2, \cdots)$ に対応する.電磁
波のモードに対応するのが，シュレーディンガー近似の場合なら $\varphi_1(\boldsymbol{r})\alpha$,
$\varphi_1(\boldsymbol{r})\beta, \varphi_2(\boldsymbol{r})\alpha, \cdots$，またはディラック理論のこれに対応するものである.物
理量を表す演算子は，これらの関数を変化させるはたらきをするから，それ
は電子を1つの軌道から他の軌道（一般には複数）へ移す作用をもつ.生成
演算子を $b_i{}^\dagger$, 消滅演算子を b_i と記すことにすると，このはたらきは $\sum_{ij} B_{ij} b_i{}^\dagger b_j$
という形に表すことができる. $b_i{}^\dagger b_j$ は，電子を軌道 j から i へ移す演算子に
なっているからである.2電子間の相互作用を表す演算子なら，$b_i{}^\dagger b_i{}^\dagger b_k b_j$ の
1次結合の形に書ける.光子と違って，電子のように個数の保存される粒子
の場合には，演算子の中で $b^\dagger$ と b の個数が同じになっているのが特徴的で
ある.

　$\varphi_i(\boldsymbol{r})$ として最もよく採用されるのは自由電子の状態（$\propto e^{i\boldsymbol{k}\cdot\boldsymbol{r}}$）なので，そ
の場合を考えると，$b_{k'}{}^\dagger b_k$ は1個の電子が，たとえば運動量 $\hbar(\boldsymbol{k} - \boldsymbol{k}')$ の光

子を放出して，運動量を $\hbar\boldsymbol{k}$ から $\hbar\boldsymbol{k}'$ に
変える 6-8 図 (a) のような過程を表すと
考えることができる．$b_{k'''}{}^{\dagger}b_{k''}{}^{\dagger}b_{k'}b_{k}$ は，
2 個の電子の衝突（6-8 図 (b)）を表すと
思えばよい．

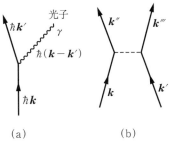

(a) (b)

6-8 図 ファインマン・ダイアグラ
ムの例

対生成や対消滅では電子数は変化する
が，これを上と同じように扱える方法を
示したのはファインマン* である．6-8
図で時間 t の方向を上向きと考えると，電子
を示す矢印はすべて上方へ向いている．とこ
ろが，陽電子は，これとは逆に下方へ向く矢
印で表せばよいことを示したのがファインマ
ンなのである．そうすると，対生成や対消滅
も，1 個の電子の散乱と同様に扱うことがで
きるのである．この 6-8 図，6-9 図のような
表示法は非常に便利なので**ファインマン・ダ
イアグラム**とよばれてよく用いられる．

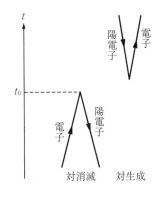

6-9 図 対消滅と対生成のフ
ァインマン・ダイアグラム

　読者の中には，これらの図の横軸が何なのかが気になる方もあると思う．
古典力学なら横軸は x, y, z（を象徴的に 1 つにまとめたもの）を表すとい
ってよいであろう．しかし，仮に軌道という言葉を使ってはいても，波動で表され
る電子などの運動を直線や曲線で表せないことは，いまさら断わるまでもないであ
ろう．したがって，矢印も一定の運動量をもった状態を象徴的に表示しているに過
ぎないと考えるべきものであり，横軸にあまり神経を使っても意味がないと思って
いただきたい．

＊　R. Feynman (1918-1988)．アメリカの理論物理学者．量子電磁力学上の業績によ
って，1965 年に朝永振一郎，J. Schwinger とともにノーベル物理学賞を受けた．ユ
ニークな教科書「ファインマン物理学」（岩波書店），軽妙な自伝的随筆「ご冗談でし
ょうファインマンさん」（岩波書店）などでも知られている．

§6.6 量子電磁力学*

仮の遷移

量子論の特徴の1つは，状態の重ね合せで別の状態を表すことができる，ということである．簡単な例として，基底状態 $\varphi_{1s}(\boldsymbol{r})$ にある水素原子に，$-z$ 方向の一様な電場がかけられた場合を考えよう．電場の作用は，水素原子（1電子原子）のハミルトニアンに付加される

$$H' = -eE_0 z \tag{1}$$

という項で表される．E_0 が非常に大きくない限り，この H' による $\varphi_{1s}(\boldsymbol{r})$ の変化や，エネルギー固有値のずれはわずかなので，系の状態を少し乱すものという意味で，このような付加項のことを**摂動**とよぶ．

この摂動 (1) 式で電子は $+z$ 方向に力を受け，原子核には逆向きの力がはたらくが，その核に束縛されている電子は核から離れて飛び出すことはできない．その結果，電子の波動関数はごくわずかだけ $+z$ 方向にずれて，そこで平衡に保たれることになる．そのような関数の変化を水素原子の固有関数を使って書くと

$$\varphi_{1s}(\boldsymbol{r}) \quad \longrightarrow \quad \varphi_{1s}(\boldsymbol{r}) + c_1 \varphi_{2p0}(\boldsymbol{r}) + c_2 \varphi_{3p0}(\boldsymbol{r}) + \cdots \tag{2}$$

で表される．$c_1, c_2, \cdots$ は小さな定数，$\varphi_{np0}(\boldsymbol{r})$ は $Y_1{}^0(\theta, \phi)$ に比例する（磁気量子数0の）p軌道である．このようになるのは，H' を $b, b^\dagger$ で表すと，$b_{np0}{}^\dagger b_{1s}$ という項が含まれるためである．(2) 式は，電場の作用を受けた状態が，電場のないときの1s状態に $np0$ 状態を重ね合わせたもので表されることを示している．この式を，"電場の作用によって，1s電子はときどき 2p0, 3p0, … へ移っては，またもどっている" という言い方で表現する．そして，6-10 図のようなファインマン・ダイアグラムで図示する．この場合，H' によるエネルギー固有値の変化はわずかであって，とても 1s 電子を 2p, 3p, … へ上げっきりにすることはできないから，上記のような遷移が，§6.1 で考えた遷移の

---

*　量子電気力学という人もいる．

ように，実際に起こるのではない．それを区別するため，
上記のような意味の遷移を**仮想的**とか**仮の遷移**という．
$\varepsilon_{np} - \varepsilon_{1s}$ をエネルギーの不確定さ $\Delta\varepsilon$ とみなし，不確定
性原理を借りて，$\Delta\varepsilon \cdot \Delta t \cong \hbar$ できまる短い時間

$$\Delta t \sim \frac{\hbar}{\varepsilon_{np} - \varepsilon_{1s}}$$

くらいずつ，電子が $np0$ 状態に移っていることは可能な
のだ，という人もいる．したがって，$\varepsilon_{np} - \varepsilon_{1s}$ が大きい
ほど Δt は短いから，$np0$ に移っていることを見出す確
率 $|c_{n-1}|^2$ は小さいことになる．

　そんなわけで，仮の遷移ではエネルギーは保存されな
いが，エネルギーの高い状態に移ったりもどったりする
ことによって，摂動のある状況にうまく適合し，結局に
おいてエネルギーを下げているのだ，と考えてよい．

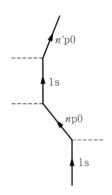

6-10 図 水素原子
の静電場による
分極をファイン
マン・ダイアグラ
ムで表せば，この
ようになる．横
の破線は静電場
の作用を示す．

衣を着た電子

　何もない真空中を走る 1 個の自由電子を考えよう．真空といっても，電磁
場を表す振動子が無限個ひそみ，ロバ電子で充満した空間である．荷電粒子
は電場をまわりにつくっているから，いつでも電磁場と相互作用していると
思わなくてはならない．そうすると，H_{el} の固有状態である一定の運動 $\hbar\boldsymbol{k}$
をする電子と，振動子がすべて基底状態（光子数がすべて 0）にある電磁場
$\Phi(0, 0, \cdots)$ を一緒にした（掛け合わせた）状態というのは，$H_{el} + H_{rad}$ の固有
状態ではあるが，$\mathcal{H} = H_{el} + H_{rad} + H'$ の固有状態ではない．* 　H' を摂動
として扱わねばならない．

　それでは，自由電子は光子を次々と放出してだんだん遅くなっていくかと
いうと，それはできない．光子はエネルギーの割には小さな運動量（$\hbar\omega/c$）

＊　§6.4 の (5) 式（170 ページ）の記号を使う．

しかもたないので、仮に電子がもっている全エネルギーをはたいて光子に与えても、光子は運動量をわずかしかもち去ってくれないため、その運動量の引き受け手がいない限り、光子の放出は不可能だからである.

　ところが、仮の遷移では、運動量の保存は要求されるが、エネルギーは増してもかまわないのであるから、電子は光子を出したり吸ってもとにもどったりして、$\mathcal{H}$ の固有状態になろうと努力することになる. 仮の遷移で放出される光子は、実の遷移で遠くへ飛び去る光子とは違うから、電子のまわりにしか存在しない. したがって、電子はそのまわりに光子の着物をまとっていると考えられる（6-11 図）. なお、裸の電子の状態に混じるのは、光子が1個共存する状態だけとは限らないから. 混じる割合は小さいが、もっといろいろな状態への仮の遷移がいくらでも考えられる. 6-11 図に一例を示しておく.

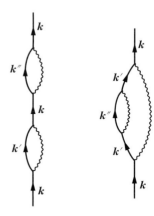

6-11 図 電子は光子を出したり吸ったりして、衣を着る.

真空偏極

　真空というのは、ロバ電子の充満した空間であるから、光子も素通りはできない. H' によって仮想的にロバ電子と相互作用し、これを正のエネルギー状態に上げる —— 対生成する —— ことが起こるからである（6-12 図）. 電子が仮の遷移で放出した光子も、同様に対生成を起こす. その結果、電子の近くのロバ電子が（本節の冒頭で述べた水素原子の分極（偏極）のように）わずかにずれることになる. 電子のまとう衣には、これも含まれる. このようなことから、真空中に起こる対生成と対消滅の連鎖を**真空偏極**と

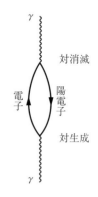

6-12 図 真空偏極のファインマン・ダイアグラム

いう.

量子電磁力学

上に述べたような方法でいろいろな計算を行う理論を**量子電磁力学**という.* 電子間のクーロン反発力も，2個の電子が仮想的に光子をやりとりする結果として生じるという形に表現される．仮の遷移によって生じるエネルギーの変化は m_0c^2 の変化として質量の変化をもたらし，電子のまわりの真空偏極は電荷を変え，電子の磁気モーメントにも変化をおよぼす．ところが，摂動論という方法でこれらの変化を計算すると，磁気モーメントの計算（§5.2，120ページ脚注の，2でなくて2.0023になるということ）などではすばらしく実験と一致する結果が得られるのに，質量の変化や電荷の変化は何と無限大になる，というおかしな結論になってしまうのである.

この難問はいまでも完全には解決されてはいないが，裸の電子の質量とか電荷というものは観測されていないわけなので，"これが観測される質量を与えるはずの式だ"というものを，実測されている電子の質量に等しいとおいて，その値にすりかえてしまう，という**くり込み**の方法で困難を回避することが行われている．電荷についても同様である.**

量子電磁力学の成功例として有名なものに，**ラム・シフト**がある．これは，光子の出し入れによって，水素原子の2s準位に生じているエネルギー差であって，1947年にラムとレザフォードが実験的に見出し，量子電磁力学に人々の注目をひくきっかけとなった．このずれを h で割ったものの計算値 1057.864 MHz と測定値 1057.862 MHz のみごとな一致は，このように完全である.

---

* 朝永振一郎著作集 10「量子電気力学の発展」（みすず書房），ファインマン「光と物質のふしぎな理論」（釜江，綿貫 訳，岩波書店）を参照すると面白い.

** 朝永振一郎，R. Feynman, J. Schwinger の 3 人は，このような業績で 1965 年にノーベル物理学賞を受けた.

§6.7　素粒子と基本粒子

　粒子性と波動性をもつものとして，いままで電子と光子を主として考えた
が，その他に**準粒子**の例として§6.3でフォノンを考えた．復習のために，
§6.3の議論をさらってみよう．球をつないだものについて，各点における
球の変位 $Y_j(t)$ は，基準座標 $Q_k(t)$ の1次結合で書ける．そして，その $Q_k(t)$
およびそれに対応する運動量 $P_k(t)$ は，フォノンの生成演算子 $a_k{}^\dagger$ と消滅演
算子 a_k を使って表せる．結局，$Y_j(t)$ は $a_k{}^\dagger, a_k$ を用いて表すことのできる演
算子になる．そして連成振動がどのようになっているかという状態は，フォ
ノンの数 n_k によって規定される．

　光子で上記各点の変位 $Y_j(t)$ に対応する波動量はベクトルポテンシャル
$\boldsymbol{A}(\boldsymbol{r}, t)$ であり，上と同様に，これは光子の生成演算子と消滅演算子 $a_{k\tau}{}^\dagger$ と
$a_{k\tau}$ を用いて表される．電子波にも同様なやり方は適用できて，ディラック
の波動関数をもとにして，光の場合と同様な理論をつくることができる．

　では，電子と光子の他に，どんな**素粒子**があるのだろうか．核の構成要素
としてフェルミ粒子である**陽子**があることは早くから知られていたが，最初
は陽子と電子からできているかと思われた核が，陽子と**中性子**からできてい
ると考えねばならないことが明らかになった．核から β 線として電子が出
るのは，中性子が陽子に変わるときに電子を出すからであるとして説明され
る．しかし，スピンの保存などから，これだけでは不十分で，陽子，電子と
同時に，中性で静止質量がほとんど0の**ニュートリノ**というフェルミ粒子が
出ていると考えねばならないことがパウリによって示された．いまではこれ
は，**電子ニュートリノ**とよばれるものの反粒子（記号 $\bar{\nu}_e$）と考えることにな
っている．電子を e^- と記して，この過程は

$$\mathrm{n} \longrightarrow \mathrm{p} + e^- + \bar{\nu}_e$$

と表される．

　電子が状態を変えて，そのときに光子を出すとき（6-8図 (a)，175ページ），
これをひき起こすのは電磁相互作用（定数 e が関与）であった．上の変化をこ

れと同様に考えて，この変化を起こす相互作用のことを**弱い相互作用**とよぶ.

　陽子と中性子は**核子**と総称されるが，これらを結合させて原子核をつくっている強い引力を**核力**という．この力と電磁気力との類推から，電磁場の光子に相当する未知の粒子があるはずだと予言したのが湯川秀樹博士であった(1935年).＊　核力がきわめて短距離 (10^{-15} m) でしか作用しないのは，仮の遷移で核子から放出されてもきわめて短い時間しか存続できないためであり，それは核力の粒子は，光子と違って有限の静止質量をもつために，生成に大きなエネルギーがいるからだと考えることができる．こうして湯川博士は，それが電子の約300倍の質量をもつはずだと予言した．後にそれらしい粒子が見つかったが（1937年），それは**ミュー粒子**または**ミュー中間子**とよばれる別の粒子（フェルミ粒子）であり，それとは別に湯川中間子があるはずだという坂田昌一博士らの**2中間子論**の予言どおり，**パイオン**または**パイ中間子**とよばれる別の粒子（ボース粒子）が見つかった（1947年）．核力は，核子がパイ中間子を仮想的にやりとりすることによって生じるとして，よく説明される．しかし，きわめて短距離ではたらく強い斥力（核子の芯）など，不明のことも残っている.

　核に高いエネルギーの粒子をぶつけると，そのエネルギーをもらってパイ中間子が（仮想的でなく実際に）飛び出してくる．宇宙から地球へ降りそそぐものすごい高エネルギー＊＊ の放射線である**宇宙線**は，大部分が陽子であるが，これが地球のまわりの大気の原子核に当たると，パイ中間子などができ，電荷をもったパイ中間子 $\pi^{\pm}$ は短い寿命でミュー粒子と**ミューニュートリノ**に，中性のパイ中間子 π^0 は2つの光子に変わるなど，さまざまな過程が起こり，いろいろな粒子が発生する．そこで，高山や気球などで原子核乾板にとった写真を分析しているうちに，数々の新粒子が発見されるようになっ

＊　湯川秀樹 (1907‐1981) は日本人ではじめてノーベル賞を受賞し (1949年)，敗戦に打ちひしがれていた日本人に，文化国家として再生しようという希望を抱かせた.

＊＊　10^8 eV 程度のものが多いが，高いものは 10^{20} eV にも達する.

た．一方，大型加速器の開発で地上での実験も次第に高エネルギー（GeV 領域）に達し，**高エネルギー物理学**がめざましい進歩をとげるようになった．

こうしてたくさんの"素粒子"が発見され，それらを分類・整理することが大きな課題となり，いろいろな量子数が導入されるようになった．やがて，さまざまな粒子の中には**クォーク**とよばれる，より一層基本的な粒子からできている複合粒子と考えた方がよいものが多いことがわかってきた．クォークは，$-e/3$ とか $2e/3$（反クォークは正負が逆）という半端な電荷をもち，自然界に孤立しては存在できないフェルミ粒子（スピン $1/2$）であるとされ，クォークと反クォーク 1 個ずつ結合したものがメソン（パイ中間子もその仲間），3 個（クォークだけ，または反クォークだけ）結合したものが**バリオン**と総称される重い粒子群である．たとえば，陽子はアップクォーク 2 個とダウンクォーク 1 個からできているとされている．これらクォークや反クォークが結合してできている粒子を**ハドロン**という．

ハドロンとは別に，電子，ミュー粒子，タウ粒子，電子ニュートリノ，ミューニュートリノ，タウニュートリノとそれらの反粒子は，**レプトン**（**軽粒子**）と総称される．

以上は"粒子"らしい粒子であるが，これらとは別に**電磁相互作用**を媒介する光子，それと同様に**弱い相互作用**を媒介する **$W^\pm$ ボソン**と **Z^0 ボソン**，クォークを結合させてハドロンをつくり**強い相互作用**を媒介する**グルーオン**があって，**ゲージ粒子**と総称されている．光に見られるように，これらは粒子性より波動性が強い．クォークとグルーオンを，電子と光子の場合の量子電磁力学（QED）のように扱う理論は，**量子色力学**（quantum chromodynamics, QCD）とよばれ，新しく発展しつつある分野として今後が期待されている．これらには未確定のことも多く，いろいろな数学的な予備知識も必要なので，入門書としての本書では割愛せざるをえない．

なお，複合粒子であることがわかったハドロンに対して，いまでも素粒子の名は用いられているが，より基本的と考えられるクォーク，レプトン，

ゲージ粒子を総称して**基本粒子**という名が使われるようになっている.

付録 1. トンネル効果

　本書で扱っている粒子の運動は，古典的には有限の範囲内での周期運動（往復運動とか回転運動）に相当する場合が大部分である．しかし，微視的粒子の実験では，無限の遠方から飛んできた粒子が力を受けて進路を変え，再び無限遠へ飛び去る運動を考察する場合も多い．そのような問題は，粒子の衝突，あるいは波動性に着目して，粒子の散乱の問題として取扱われている．この場合には，周期運動とは少し異なった扱い方が必要となるのであるが，3 次元の問題を一般的に考えることは本書の程度をやや超えると思われるので，もっと本格的な量子力学の本にゆずることにした．その代りに，ここで簡単な 1 次元の問題だけを扱い，よく知られた"トンネル効果"の原理を理解していただくことにしようと思う．

　いま，A-1 図のようなポテンシャルを考える．式で書けば

$$V(x) = 0 \quad (x < 0,\ x > a) \atop V(x) = V_0 \quad (0 < x < a) \Biggr\} \quad (1)$$

である．このようなポテンシャルで表される力を受けて運動する粒子に対するシュレーディンガー方程式は

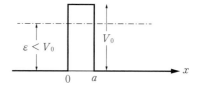

A-1 図

$$\left\{-\frac{\hbar^2}{2m}\frac{\partial^2}{\partial x^2} + V(x)\right\}\psi(x, t) = i\hbar\frac{\partial\psi(x, t)}{\partial t} \quad (2)$$

で与えられるが，いまは

$$\psi(x, t) = e^{-i\omega t}\varphi(x) \quad (3)$$

という形の解を探すことにすると，φ に対する方程式

$$\left\{-\frac{\hbar^2}{2m}\frac{d^2}{dx^2} + V(x)\right\}\varphi(x) = \varepsilon\,\varphi(x) \quad (4)$$

および

$$\varepsilon = \hbar\omega \quad (5)$$

が得られることは，すでに知っているとおりである．$\psi(x, t)$ が (3) 式の形をしてい

るということは，§2.7 で学んだように，エネルギーが一定の定常状態になっているということである．これは，古典力学の場合でいえば，一定の軌道を回り続けるとか往復しているという場合に対応している．1 個の粒子が遠方から飛来して力の作用を受け，進路を曲げて再び飛び去ってしまうような運動は定常的とはいえない．いま，われわれが考えようとしているのは，実はこのような場合なのであるから，(3) 式のようにおくことは不適当であると思われる．むしろ初期条件として，たとえば $x < 0$ の側にあって $+x$ 向きに動く波束を与え，(2) 式によってその波束がどう変化するかを調べるべきであろう．

　しかし，散乱の実験を実際に行う際には，巨視的な太さの粒子線束を送り込むのが普通であり，粒子のエネルギーと運動方向はかなり精密に与えるが，位置の不確定さは巨視的の大きさをもつ．これは，運動量 **p** がほとんど確定した，広がりの大きな波束を与えることに相当する．したがって，実際の計算は，平面波 $e^{ip \cdot r/\hbar}$ で行って十分である．

　また，この種の実験では，粒子を 1 個だけ送り込むということはなく，後から後からたくさん続けて送り込むのが普通である．*　これは，§3.2 で行ったように環状のところを 1 個の粒子がぐるぐる回っているのを，どこかで切断して伸ばして見た場合と似ている．つまり，(3) 式のような定常的な波で進行波をつくって**，一方向きに波を送り続けることにした場合には，1 つの粒子が左側から舞台に登場しては右側へ去ると，次の粒子が左から現れて再び右に去る，…，ということが後から後から "定常的" に行われている，と考えておけばよい．$|\psi|^2$ を "舞台" 内で積分したものが 1 になるように規格化しておけば，舞台にはいつでもどこかに粒子が 1 個存在している，ということになる．

　いま，A-1 図の左方（$x < 0$ 側）から，平面波 e^{ikx} を入射させたとする．x 方向の運動エネルギーは

$$-\frac{\hbar^2}{2m}\frac{d^2}{dx^2}e^{ikx} = +\frac{\hbar^2}{2m}k^2 e^{ikx}$$

で定まるが，これは実験装置によって入射粒子にあらかじめ与えられるものである．

---

*　$|\psi|^2$ が粒子を見出す確率を与えるからといって，1 個の粒子に対する ψ を $\sqrt{n}$ 倍すれば n 粒子系の波動関数になると考えてはいけない．

**　ψ は複素数なので，定常的（ここでは時間の関数と **r** の関数の積に書けるという意味）な進行波 $e^{i(k \cdot r - \omega t)}$ がつくれる．

　さて，$x = 0$ で A-1 図のポテンシャル壁にぶつかった入射波は，その一部分が反射して e^{-ikx} として左方へ去り，一部分は壁を乗り越えて $x > a$ の部分へ出て右方へ去る．この透過波も e^{ikx} という形になるであろう．ゆえに，われわれの波動関数 $\varphi(x)$ は

$$x \leqq 0 \quad \text{では} \quad \varphi(x) = Ae^{ikx} + Be^{-ikx} \tag{6a}$$

$$x \geqq a \quad \text{では} \quad \varphi(x) = Ce^{ikx} \tag{6b}$$

という形に表されると考えられる．$x \leqq 0,\ x \geqq a$ では $V(x) = 0$ であるから，シュレーディンガー方程式は

$$-\frac{\hbar^2}{2m}\frac{d^2\varphi}{dx^2} = \varepsilon\varphi \tag{7}$$

となるが，(6a)，(6b) 式がいずれも (7) 式を満たし，

$$\varepsilon = \frac{\hbar^2}{2m}k^2 \tag{8}$$

であることは明らかである．

　ポテンシャル壁のところ $0 < x < a$ では，シュレーディンガー方程式は

$$\left(-\frac{\hbar^2}{2m}\frac{d^2}{dx^2} + V_0\right)\varphi(x) = \varepsilon\,\varphi(x) \tag{9}$$

であるが，$\varepsilon = \hbar^2 k^2/2m$ はあらかじめ与えられている．V_0 の項を右辺へ移せば

$$-\frac{\hbar^2}{2m}\frac{d^2\varphi}{dx^2} = (\varepsilon - V_0)\varphi(x) \tag{10}$$

となり，これは (7) 式と形が同じである．ただし，$\varepsilon - V_0$ の符号によって話が少し異なってくる．

　まず，$\varepsilon - V_0 > 0$ の場合を考えよう．

$$\kappa = \sqrt{\frac{2m(\varepsilon - V_0)}{\hbar^2}}$$

とおけば，(10) 式は

$$-\frac{d^2\varphi}{dx^2} = \kappa^2\varphi$$

となるから，これの一般解が $e^{i\kappa x}$ と $e^{-i\kappa x}$ の1次結合

$$\varphi(x) = Fe^{i\kappa x} + Ge^{-i\kappa x} \quad (0 < x < a) \tag{6c}$$

で与えられることはすぐわかる．

　3つの範囲での $\varphi(x)$ が (6a)，(6b)，(6c) 式のように別々に求められたが，これ

らが独立であるはずはないから，その関係を知り，それによって係数 A, B, C, F, G を決定しなければならない．

波動関数 $\varphi(x)$ はシュレーディンガー方程式という 2 階の微分方程式の解であるから，$\varphi(x)$ および $d\varphi(x)/dx$ がいたるところで連続でなければならない．これは数学的な要請であるが，物理的には次のように理由づけられるであろう．量子論では，$-i\hbar(\partial/\partial x)$ が運動量の x 成分 p_x を表し，波動関数は粒子の運動状態を記述する．その粒子について p_x の期待値その他が計算できるためには，波動関数が微分可能でなくては困る．そのためには，波動関数は x の連続関数でなければならない．y や z についても同様である．次に粒子の運動エネルギーを考えると，これも物理的に測定しうる量であるから，波動関数 φ が与えられたとき，$-(\hbar^2/2m)\nabla^2\varphi$ が計算できなければ困る．そのためには，φ が x, y, z について 2 回まで微分可能でなくてはならない．それには，1 階導関数 $\partial\varphi/\partial x, \partial\varphi/\partial y, \partial\varphi/\partial z$ が連続であることが必要である．ゆえに

波動関数は粒子の座標に関するなめらかな連続関数でなければならない

ということがわかる．*

この条件を $x = 0$ と $x = a$ のところに適用してみよう．

$x = 0$ で $\varphi(x)$ が連続という条件は

$$A + B = F + G \tag{11a}$$

$x = 0$ で $d\varphi(x)/dx$ が連続という条件は

$$k(A - B) = \kappa(F - G) \tag{11b}$$

$x = a$ で $\varphi(x)$ が連続という条件は

$$Fe^{i\kappa a} + Ge^{-i\kappa a} = Ce^{ika} \tag{11c}$$

$x = a$ で $d\varphi(x)/dx$ が連続という条件は

$$\kappa Fe^{i\kappa a} - \kappa Ge^{-i\kappa a} = kCe^{ika} \tag{11d}$$

で与えられる．未知数が A, B, F, G, C の 5 個で，方程式が 4 個であるから，B/A, $F/A, G/A, C/A$ の 4 つの比が求められる．途中の計算は読者の演習にまかせ，

---

* ただし，ポテンシャルが不連続的に ∞ だけ変化するときには，φ は連続であるが，導関数は不連続になる．§3.1 で知ったように，箱の中に閉じ込められた粒子の波動関数の導関数は，壁のところで不連続である．

結果だけを記すと，

入射波と反射波の複素振幅の比

$$\frac{B}{A} = \frac{(k^2 - \kappa^2)(1 - e^{2i\kappa a})}{(k + \kappa)^2 - (k - \kappa)^2 e^{2i\kappa a}} \tag{12a}$$

入射波と透過波の複素振幅の比

$$\frac{C}{A} = \frac{4k\kappa\, e^{i(\kappa - k)a}}{(k + \kappa)^2 - (k - \kappa)^2 e^{2i\kappa a}} \tag{12b}$$

が得られる．振幅の絶対値の2乗の比を求めると

$$\left|\frac{B}{A}\right|^2 = \left\{1 + \frac{4k^2\kappa^2}{(k^2 - \kappa^2)^2 \sin^2 \kappa a}\right\}^{-1} = \left\{1 + \frac{4\varepsilon(\varepsilon - V_0)}{V_0^2 \sin^2 \kappa a}\right\}^{-1} \tag{13a}$$

$$\left|\frac{C}{A}\right|^2 = \left\{1 + \frac{(k^2 - \kappa^2)^2 \sin^2 \kappa a}{4k^2\kappa^2}\right\}^{-1} = \left\{1 + \frac{V_0^2 \sin^2 \kappa a}{4\varepsilon(\varepsilon - V_0)}\right\}^{-1} \tag{13b}$$

が得られる．この2つを加えると1になることからもわかるように，これらはそれぞれ反射率および透過率を表す．また，$\kappa a = 0, \pi, 2\pi, 3\pi, \cdots$ のときに反射率が0，透過率が1になることがすぐわかる．

次に，$\varepsilon < V_0$ の場合を考えてみよう．このときには（10）式は

$$\frac{d^2\varphi}{dx^2} = \frac{2m}{\hbar^2}(V_0 - \varepsilon)\varphi(x)$$

となり，この解は

$$\alpha = \sqrt{\frac{2m}{\hbar^2}(V_0 - \varepsilon)}$$

として，

$$\varphi(x) = Fe^{\alpha x} + Ge^{-\alpha x} \tag{6c}'$$

の形になる．以下の計算を前と同様に行えば，透過率として

$$\left|\frac{C}{A}\right|^2 = \left\{1 + \frac{V_0^2 \sinh^2 \alpha a}{4\varepsilon(V_0 - \varepsilon)}\right\}^{-1} \tag{13b}'$$

が得られる．この値は ε が小さいときわめて小さくなるが，決して0ではない．

古典力学の場合には，$\varepsilon < V_0$ ならば，左方からきた粒子は決して $x > 0$ の領域へは侵入することができない．仮に $0 < x < a$ に入ったとすると，運動エネルギーが負になってしまう．ところが，量子論では負の運動エネルギーも可能であって，波動関数は ε よりも高いポテンシャルの領域にもにじみ出ることができる．このことは，たとえば§3.4の調和振動子の場合にも見たとおりである（3-7図

（77 ページ）を参照．振動子の場合
と異なって，今度は障害の幅が有限
で，壁の向う側（$x > a$）には再び運
動エネルギーが正の領域があって，
そこでは $\varphi(x)$ は一定の幅を保つの
で，(13b)′ 式で与えられる有限な割
合で粒子は障壁を通り抜けるのであ
る．このように，粒子がそのエネル
ギーよりも高いポテンシャルの壁を
通り抜ける現象を**トンネル効果**とい

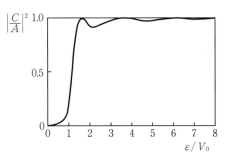

A-2 図　$mV_0a^2/\hbar^2 = 8$ の場合の透過率

い，粒子の存在確率の波動性に由来する量子論的効果の 1 つである．

付録 2. 電磁場内を動く荷電粒子のハミルトニアン

ハミルトニアンは，力学系のエネルギーを座標と運動量で表したものである．ポテンシャル $V(\boldsymbol{r})$ から導かれる保存力場内の粒子の場合には

$$H(\boldsymbol{r}, \boldsymbol{p}) = \frac{\boldsymbol{p}^2}{2m} + V(\boldsymbol{r}) \qquad (\boldsymbol{p}^2 = p_x{}^2 + p_y{}^2 + p_z{}^2) \tag{1}$$

である．ハミルトンの運動方程式は，

$$\frac{dp_x}{dt} = -\frac{\partial H}{\partial x}, \qquad \frac{dx}{dt} = \frac{\partial H}{\partial p_x} \qquad (y, z \text{ 成分も同様}) \tag{2}$$

という式であるから，上記の H の場合には，第 2 式からは $m\,(dx/dt) = p_x$ が得られ，第 1 式からニュートンの運動方程式

$$m\frac{d^2x}{dt^2} = -\frac{\partial V}{\partial x} \tag{3}$$

が得られる．

電磁場（ベクトルポテンシャル $\boldsymbol{A}$，スカラーポテンシャル $\varPhi$）

$$\left. \begin{aligned} \boldsymbol{E} &= -\frac{\partial \boldsymbol{A}}{\partial t} - \nabla \varPhi \\ \boldsymbol{B} &= \operatorname{rot} \boldsymbol{A} \qquad \left(B_x = \frac{\partial A_z}{\partial y} - \frac{\partial A_y}{\partial z} \text{ など} \right) \end{aligned} \right\} \tag{4}$$

内を動く荷電粒子には，電荷を q とすると，ローレンツ力がはたらくから，運動方程式は

$$m\frac{d^2\boldsymbol{r}}{dt^2} = q\boldsymbol{E} + q\left(\frac{d\boldsymbol{r}}{dt} \times \boldsymbol{B} \right) \tag{5}$$

で与えられる．この式を導くハミルトニアンは

$$H(\boldsymbol{r}, \boldsymbol{p}) = \frac{1}{2m}(\boldsymbol{p} - q\boldsymbol{A})^2 + q\varPhi \tag{6}$$

と書かれる．(2) の第 2 式をこの H に適用すると，

$$\frac{dx}{dt} = \frac{1}{m}(p_x - qA_x)$$

$$\therefore \quad p_x = m\frac{dx}{dt} + qA_x \tag{7}$$

が得られる．したがって，運動量は $m\,(d\boldsymbol{r}/dt)$ ではなく $m\,(d\boldsymbol{r}/dt)+q\boldsymbol{A}$ であることがわかる．

次に，(2) の第 1 式を調べよう．まず左辺は，上の (7) 式から*

$$\frac{dp_x}{dt}=m\frac{d^2x}{dt^2}+q\frac{\partial A_x}{\partial t}+q\frac{\partial A_x}{\partial x}\frac{dx}{dt}+q\frac{\partial A_x}{\partial y}\frac{dy}{dt}+q\frac{\partial A_x}{\partial z}\frac{dz}{dt} \qquad (8)$$

が得られ，右辺からは

$$-\frac{\partial H}{\partial x}=\frac{q}{m}\left\{(p_x-qA_x)\frac{\partial A_x}{\partial x}+(p_y-qA_y)\frac{\partial A_y}{\partial x}+(p_z-qA_z)\frac{\partial A_z}{\partial x}\right\}-q\frac{\partial \Phi}{\partial x}$$

が得られる．(7) 式を用いれば，これは

$$-\frac{\partial H}{\partial x}=q\left(\frac{dx}{dt}\frac{\partial A_x}{\partial x}+\frac{dy}{dt}\frac{\partial A_y}{\partial x}+\frac{dz}{dt}\frac{\partial A_z}{\partial x}\right)-q\frac{\partial \Phi}{\partial x} \qquad (9)$$

となる．この右辺を (8) 式の右辺と等置し，整理すれば，(4) 式により

$$m\frac{d^2x}{dt^2}=-q\frac{\partial A_x}{\partial t}-q\frac{\partial \Phi}{\partial x}+q\left\{\frac{dy}{dt}\left(\frac{\partial A_y}{\partial x}-\frac{\partial A_x}{\partial y}\right)-\frac{dz}{dt}\left(\frac{\partial A_x}{\partial z}-\frac{\partial A_z}{\partial x}\right)\right\}$$
$$=qE_x+q\left(\frac{dy}{dt}B_z-\frac{dz}{dt}B_y\right)$$

となり，(5) 式の x 成分の式になっていることがわかる．他の成分も同様である．

---

*　$\dfrac{\partial}{\partial t}$ は $\boldsymbol{A}(\boldsymbol{r},t)$ に直接入っている t での微分，$\dfrac{d}{dt}$ は $\boldsymbol{r}$ も t の関数であることを考えに入れた微分演算である．

索　引

著者略歴

小出　昭一郎（こいで　しょういちろう）

1927 年生まれ．旧制静岡高等学校より東京大学理学部卒業．東京大学助手，助教授，教授，山梨大学学長を歴任．東京大学・山梨大学名誉教授．理学博士．専攻は分子物理学，固体物理学．

基礎物理学選書 2　**量子論**（新装版）

1968 年 5 月 15 日	第 1 版 発 行
1990 年 3 月 25 日	改訂第 29 版発行
2021 年 3 月 25 日	第 51 版 5 刷発行
2021 年 12 月 1 日	新装第 1 版 1 刷発行
2024 年 3 月 10 日	新装第 1 版 2 刷発行

検　印
省　略

定価はカバーに表示してあります．

著 作 者　　小 出 昭 一 郎

発 行 者　　吉 野 和 浩

発 行 所　　東京都千代田区四番町 8-1
電　話 03-3262-9166（代）
郵便番号　102-0081
株式会社　裳 華 房

印 刷 所　　株式会社　精 興 社
製 本 所　　牧製本印刷株式会社

ISBN 978-4-7853-2141-3

演習で学ぶ 量子力学 　【裳華房フィジックスライブラリー】

小野寺嘉孝 著　A5判／198頁／定価2530円（税込）

　取り上げる内容を基礎的な部分に絞り，その範囲内で丁寧なわかりやすい説明を心がけて執筆した．また，演習に力点を置く構成とし，学んだことをすぐにその場で「演習」により確認するというスタイルを取り入れた．
【主要目次】1. 光と物質の波動性と粒子性　2. 解析力学の復習　3. 不確定性関係　4. シュレーディンガー方程式　5. 波束と群速度　6. 1次元ポテンシャル散乱、トンネル効果　7. 1次元ポテンシャルの束縛状態　8. 調和振動子　9. 量子力学の一般論

物理学講義 量子力学入門 ーその誕生と発展に沿ってー

松下　貢 著　A5判／292頁／定価3190円（税込）

　初学者にはわかりにくい量子力学の世界を，おおむね科学の歴史を辿りながら解きほぐし，量子力学の誕生から現代科学への応用までの発展に沿って丁寧に紹介した．量子力学がどうして必要とされるようになったのかをスモールステップで解説することで，量子力学と古典物理学との違いをはっきりと浮き上がらせ，初学者が量子力学を学習する上での"早道"となることを目標にした．
【主要目次】1. 原子・分子の実在　2. 電子の発見　3. 原子の構造　4. 原子の世界の不思議な現象　5. 量子という考え方の誕生　6. ボーアの古典量子論　7. 粒子・波動の2重性　8. 量子力学の誕生　9. 量子力学の基本原理と法則　10. 量子力学の応用

量子力学 現代的アプローチ 　【裳華房フィジックスライブラリー】

牟田泰三・山本一博 共著　A5判／316頁／定価3630円（税込）

　解説にあたっては，できるだけ単一の原理原則から出発して量子力学の定式化を行い，常に論理構成を重視して，量子論的な物理現象の明確な説明に努めた．また，応用に十分配慮しながら，できるだけ実験事実との関わりを示すようにした．「量子基礎論概説」の章では，量子測定などの現代物理学における重要なテーマについても記し，さらに「場の量子論」への導入の章を設けて次のステップに繋がるように配慮するなど，"現代的なアプローチ"で量子力学の本質に迫った．
【主要目次】1. 前期量子論　2. 量子力学の考え方　3. 量子力学の定式化　4. 量子力学の基本概念　5. 束縛状態　6. 角運動量と回転群　7. 散乱状態　8. 近似法　9. 多体系の量子力学　10. 量子基礎論概説　11. 場の量子論への道

本質から理解する 数学的手法

荒木　修・齋藤智彦 共著　A5判／210頁／定価2530円（税込）

　大学理工系の初学年で学ぶ基礎数学について，「学ぶことにどんな意味があるのか」「何が重要か」「本質は何か」「何の役に立つのか」という問題意識を常に持って考えるためのヒントや解答を記した．話の流れを重視した「読み物」風のスタイルで，直感に訴えるような図や絵を多用した．
【主要目次】1. 基本の「き」　2. テイラー展開　3. 多変数・ベクトル関数の微分　4. 線積分・面積分・体積積分　5. ベクトル場の発散と回転　6. フーリエ級数・変換とラプラス変換　7. 微分方程式　8. 行列と線形代数　9. 群論の初歩

主 要 定 数

光 速 度	$c = 2.99792458 \times 10^8$ m/s
電子の質量	$m_e = 9.1093837 \times 10^{-31}$ kg
陽子の質量	$M_p = 1.6726219 \times 10^{-27}$ kg
中性子の質量	$M_n = 1.6749286 \times 10^{-27}$ kg
電 気 素 量	$e = 1.60217663 \times 10^{-19}$ C
プランクの定数	$h = 6.6260702 \times 10^{-34}$ J·s
	$\hbar = 1.05457182 \times 10^{-34}$ J·s
ボーア半径	$a_0 = 5.29177211 \times 10^{-11}$ m
リュードベリ定数	$R_\infty = 1.0973731568 \times 10^7$ m^{-1}
ボーア磁子	$\beta_B = 9.2740101 \times 10^{-24}$ A·m^2
ボルツマン定数	$k_B = 1.380649 \times 10^{-23}$ J/K
アボガドロ定数	$N_A = 6.0221408 \times 10^{23}$ mol^{-1}
原子量規準	^{12}C $= 12.000$

エネルギー諸単位換算表

	[K]	[cm^{-1}]	[eV]	[J]
1 K $=$	1	0.69504	0.86174×10^{-4}	1.38066×10^{-23}
1 cm^{-1} $=$	1.43877	1	1.23984×10^{-4}	1.98645×10^{-23}
1 eV $=$	1.16044×10^4	0.80655×10^4	1	1.60218×10^{-19}

1 K は $T = 1$ K に対する $k_B T$ の値.

1 cm^{-1} は波長 1 cm(すなわち 1 cm の中の波数が 1)の光子の $h\nu$.